普通高等教育"十三五"计算机类规划教材

C语言程序设计

——项目化教程

主　编　师　韵　王旭启
副主编　范　晖　刘　影
张玉成　杜　刚

北京邮电大学出版社
www. buptpress. com

内容简介

C语言是编程者的入门语言,也是理工科大学生的第一门编程语言。由于初学者对语言比较陌生,考虑到此,本书在内容编排上,通过任务作为引导,以任务涵盖知识点,以实例强化知识点,在实例和项目设计上由易到难,循序渐进,同时考虑到实际需要,项目设计遵循软件工程的思想,让初学者体验到程序开发的过程。

本书共分10个单元:单元1讲解C语言的基本知识及C语言的开发环境、C程序的认识;第2~5单元主要介绍C语言的基础知识,包括数据类型,运算符及其表达式,程序设计的三大结构;第6~10单元主要讲解C语言的核心内容,包括数组、函数、结构体和共用体以及文件。在一些核心单元中设计了很多经典和实际的项目,比如简易计算器,出租车计费系统,通讯簿管理系统等项目。

本书附有配套的电子教案、题库以及线上资源。帮助读者及时地解决在学习过程中遇到的问题。

本书适合作为高等院校本科、专科计算机相关专业程序设计类课程的教材。

图书在版编目(CIP)数据

C语言程序设计——项目化教程 / 师韵,王旭启主编. -- 北京 : 北京邮电大学出版社,2016.8
ISBN 978-7-5635-4818-7

Ⅰ. ①C… Ⅱ. ①师… ②王… Ⅲ. ①C语言－程序设计－高等学校－教材 Ⅳ. ①TP312

中国版本图书馆CIP数据核字(2016)第166160号

书　　　名:C语言程序设计——项目化教程
著作责任者:师　韵　王旭启　主编
责 任 编 辑:满志文
出 版 发 行:北京邮电大学出版社
社　　　址:北京市海淀区西土城路10号(邮编:100876)
发　行　部:电话:010-62282185　传真:010-62283578
E-mail:publish@bupt.edu.cn
经　　　销:各地新华书店
印　　　刷:北京通州皇家印刷厂
开　　　本:787 mm×1 092 mm　1/16
印　　　张:14.75
字　　　数:366千字
版　　　次:2016年8月第1版　2016年8月第1次印刷

ISBN 978-7-5635-4818-7　　定　价:34.00元

前　言

C语言作为理工科学生必修的一门课程，体现了它作为高级语言在工科学生课程中的重要性。如何编写一本适合学生的好教材？好的教材能够引导学生循序渐进的学习知识，掌握知识，运用知识。在实际教学中，很多学生对学习C语言感到无从下手，觉得C语言学起来枯燥、难学。在教学过程中，总有学生问起学习C语言的最好方法是什么，答曰：读程序。既然读程序是学习C语言入门最快，也是最好的方法，为何不围绕着C语言的基础知识设计很多易于学生学习的例程呢？通过教学团队老师的细致分析，根据编者多年的一线教学实践经验，在教材中围绕知识点，设计了很多浅显易懂、紧扣知识点的实例。本书对每一个实例进行了深入分析，并在编译环境中进行调试、运行得到结果。这些实例都经过作者实践，真正做到了知识的由浅入深、由易到难。

本书共分为10个单元，下面对每个单元进行简单的介绍。

单元1主要介绍了计算机的发展过程，C语言的运行环境，C语言程序的基本结构。通过本单元学习，读者需要掌握Visual C++ 6.0的安装与使用，能编译、运行简单的C语言程序。

单元2主要讲解了C语言的标识符、关键字，基本数据类型，运算符及其表达式，数据类型转换等基础知识。在讲解这些知识时，提供了大量的案例，便于读者结合知识点在编译环境中练习、巩固学习的内容。

单元3、单元4及单元5主要介绍了程序设计的三大结构：顺序结构、选择结构和循环结构的相关知识。

单元6主要讲解了数组的基本概念，数组的初始化及数组元素的引用，数据的查找、修改、排序等常用算法。

单元7主要讲解了函数的相关知识。函数是C语言程序的基本组成部分，学习函数的设计和调用是很重要的。本单元给出了很多经典的案例，比如水仙花数、汉诺塔、斐波那契数列等，以及实际应用的案例如出租车计费系统、学生成绩的统计与计算等。

单元8主要介绍了指针，主要包括指针的概念、指针与数组、指针与字符串等。

单元9、单元10主要介绍了C语言的结构体、共用体以及文件操作，这些知识应用性强，通过相关的实例和项目设计，给读者真实的程序开发环境。

本书的特色主要体现在以下几个方面：

(1) 以“任务”为驱动，目标明确，案例通俗易懂，简单易学。通过任务描述、实例分析、实例实现等步骤，让读者一步一步体验学习C语言的乐趣。

(2) 项目设计更贴近真实软件开发环境。教材中设计的项目按照软件工程的思想，从需求分析、设计、编码、实现进行了细致的分析，带给读者更真实的软件开发过程。

(3) 举一反三的设计帮助读者步步提高学习C语言编程的能力，同时单元考核、线上练习、答疑为读者提供全方位的答疑解惑，助力读者快速掌握C语言的开发方法。

为了读者可以了解C语言项目的开发过程，也便于今后走上工作岗位的需要，教材中还设计了很多的实际项目，比如电子计算器、出租车计费系统、通讯簿管理系统、学生成绩管理系统等，每个项目主要包括项目分析、项目设计、项目实现等。在每一单元后，设计了单元考核，考核题目紧紧围绕单元知识点，可以很好地巩固学习到的知识。读者在动手练习的过程中，一定会遇到很多的问题，建议多思考，借助于网络平台解决问题，并在问题解决后多总结。

本书第1、6单元及项目一由师韵编写，第2、7单元由王旭启编写，第3、4单元由刘影编写，第5单元由杜刚编写，第8单元及项目二由张玉成编写，第9、10单元及项目三由范晖编写，全书由师韵、王旭启统稿。

本书编写过程中，得到了许多人的帮助。全体成员在编写过程中，积极调研在学学生的学习感受和对C教材的期望，学生们提供了许多宝贵的意见，任课教师对教材也提供了很多有建设性的建议，在此一并感谢。还要感谢北京邮电大学出版社为作者出版本书提供机会和为编辑出版工作付出了辛勤劳动。

尽管在教材编写中，每一个编写人员都尽最大的努力，由于编者水平有限，教材中错误在所难免，恳请读者及同行、专家多提宝贵意见，我们将不胜感激。

编　者

目　录

单元1　C语言概述

随着“互联网＋”时代的到来，计算机作为一种工具已经普遍地应用于各个领域。为了便于人们学习掌握计算机并且更好地与计算机交流，计算机科学家们经过不懈的努力，设计出了许多计算机语言，C语言就是其中之一，广泛地应用于工程计算领域，具有很强的数据处理能力。

学习任务：

✧ 计算机的发展过程。
✧ C语言的运行环境。
✧ C语言的基本结构。
✧ 算法。

学习目标：

✧ 掌握在Visual C＋＋6.0中调试C语言程序的方法。
✧ 掌握C语言程序的基本结构。
✧ 掌握算法描述的方法。

任务一　计算机的发展过程

任务描述：

回顾计算机的发展简史，明确C语言在计算机体系中的位置。

人类所使用的计算工具是随着生产的发展和社会的进步，从简单到复杂、从低级到高级的发展过程，计算工具相继出现了如算盘、计算尺、手摇机械计算机、电动机械计算机等。

1946年，世界上第一台电子数字计算机(ENIAC)在美国诞生。这台计算机共用了18000多个电子管组成，占地170 m^2，总重量为30 t，耗电140 kW，运算速度达到每秒能进行5000次加法、300次乘法。

从计算机的发展趋势看，大约2010年前美国就研制出千万亿次计算机。计算机在短短的70多年里经过了电子管、晶体管、集成电路(IC)和超大规模集成电路(VLSI)四个阶段的发展，使计算机的体积越来越小，功能越来越强，价格越来越低，应用越来越广泛，目前正朝智能化（第五代）计算机方向发展。

按计算机语言的发展进程，可将计算机语言分为三类：

1. 机器语言

以二进制代码（0 和 1）表示机器指令的一种语言，其程序能被计算机直接执行。

2. 汇编语言

用助记符代替机器指令，用变量代替各类地址，称为汇编语言（也称符号语言）。

3. 高级语言

高级语言屏蔽了机器的细节，更接近于自然语言和数学语言，给编程带来了极大的方便。

C 语言从发展进程来看，属于高级语言。

任务二　熟悉 C 程序的基本结构

任务描述：

在学习 C 语言程序设计之前，我们必须先熟悉一下 C 语言基本结构。

【实例 1】 编写程序，在屏幕上显示“欢迎来到 C 家族！”（这是一个 C 语言程序的基础实例）。

实例说明：

了解程序的结构和运行环境，通过输出函数输出字符串。运行结果如图 1-1 所示。

图 1-1　实例 1 运行结果

知识要点：

通过本实例的学习，让学生掌握 C 语言程序设计的基本结构，运行环境，调试方法。

1. C 语言程序的基本结构

下面先看两段程序代码。

代码一：该代码实现的功能是输出一条信息。

```
#include<stdio.h>                          /*文件包含*/
void  main()                               /*主函数*/
{                                          /*函数体开始*/
  printf("This is a C program.\n");        /*输出语句*/
}                                          /*函数体结束*/
```

说明：

(1) main—主函数名，void—函数类型；

(2) 每个C语言程序必须有一个主函数 main ；

(3) { }是函数开始和结束的标志，不可省；

(4) 每个C语言语句以分号结束；

(5) 使用标准库函数时应在程序开头一行写：#include <stdio.h>。

代码二：该代码的功能是求出两个数中的最大数。

```
#include "stdio.h"
void  main ( )              /* 主函数 */
{
  int a, b, c;              /* 声明部分，定义变量 */
scanf (" %d, %d",&a,&b);    /* 输入变量 a 和 b 的值 */
  c = max (a,b);            /* 调用 max 函数，将得到的值赋给 c */
  printf ("max= %d",c);     /* 输出 c 的值 */
}
int max(int x,int y)        /* 定义 max 函数，函数值为整型，形式参数 x,y 为整型 */
{
   int z;                   /* max 函数中的声明部分，定义本函数中用到的变量 z 为整型 */
  if (x>y) z = x;           /* if 语句，判断 x 大于 y 是否成立 */
  else z = y;
   return (z);              /* 将 z 的值返回，通过 max 带回调用处 */
}
```

说明：

本程序包括 main 和被调用函数 max 两个函数。max 函数的作用是将 x 和 y 中较大者的值赋给变量 z。return 语句将 z 的值返回给主调函数 main。

由以上两段程序代码可以看出，对于C语言程序：

(1) C语言程序是由函数构成的，这使得程序容易实现模块化。

(2) 一个函数由两部分组成：

① 函数的首部：代码二中的 max 函数首部为 int max(int x,int y)。

② 函数体：花括号内的部分。若一个函数有多个花括号，则最外层的一对花括号为函数体的范围。

函数体包括两部分：

声明部分：int a,b,c。

执行部分：由若干个语句组成。

(3) C语言程序总是从 main 函数开始执行的，与 main 函数的位置无关。

(4) C语言程序书写格式自由，一行内可以写几个语句，一个语句可以分写在多行上，C语言程序没有行号。

(5) 每个语句和数据声明的最后必须有一个分号。

(6) C语言本身没有输入/输出语句。输入和输出的操作是由库函数 scanf( )和 printf( )等函数来完成的，C语言对输入/输出实行“函数化”。

任务三　熟悉 C 语言的运行过程

任务描述：

当按照 C 语言的语法要求编写完程序后，计算机是不能直接运行的，必须对所编写的程序进行编译、连接，将其转换成可执行文件才可以运行。所以，在学习 C 语言程序设计之前，必须先熟悉一下 C 语言的编程环境。

知识要点：

高级语言编写的程序，不能被计算机直接执行，只有借助编译程序将其翻译为用 0 和 1 表示的机器语言指令代码，才能真正在计算机中执行。高级语言翻译有两种方式：一是编译方法，二是解释方法，C 语言采用编译方式。

编写好的 C 程序代码，需要经过上机输入及编辑源程序，对源程序进行编译，与库函数连接生成可执行目标文件之后才可运行。期间，把源程序代码称为源程序，扩展名为. c；经过编译之后形成目标文件，扩展名为. obj；经过连接之后形成的为可执行文件，扩展名为. exe。图 1-2 给出了 C 语言程序的编辑、编译、连接和运行的过程。

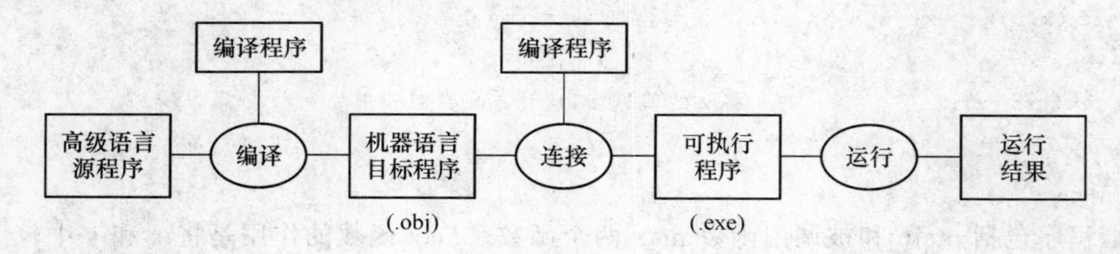

图 1-2　C 程序的编辑、编译、连接和运行的过程

1. 编写源代码

该阶段就是使用 C 语言编写实现特定功能的程序代码，通常将这一阶段的代码称为源代码(Source Code)，源代码必须遵循 C 语言的规范。生成. c 文件，一般称之为源文件。

2. 编译(Compile)

将编写的源代码翻译为计算机能够理解的二进制目标代码，由专门的编译器来完成。在编译阶段，编译器通常会发现源代码中的语法错误，程序员需要根据这些提示，进行修改，直至没有错误编译成功。生成. obj 文件，称之为目标文件。

3. 连接(Link)

程序中除了自己编写的代码外，往往还需要调用库函数中的其他函数或者其他人编写的目标函数，连接过程便是将目标文件和函数合并生成完整的可执行文件，既生成. exe 文件，这样程序就可以在计算机上运行了。

4. 运行

执行连接成功后的可执行文件，查验运行结果。

任务四　C语言的开发环境

任务描述：

掌握 Microsoft Visual C＋＋6.0 环境下的 C 语言程序开发过程。

Microsoft Visual C＋＋系列是最经典的、功能强大的 C/C＋＋开发工具，尤以 Visual C＋＋ 6.0(简称 VC 或者 VC 6.0)版本使用最多。操作界面如图 1-3 所示。

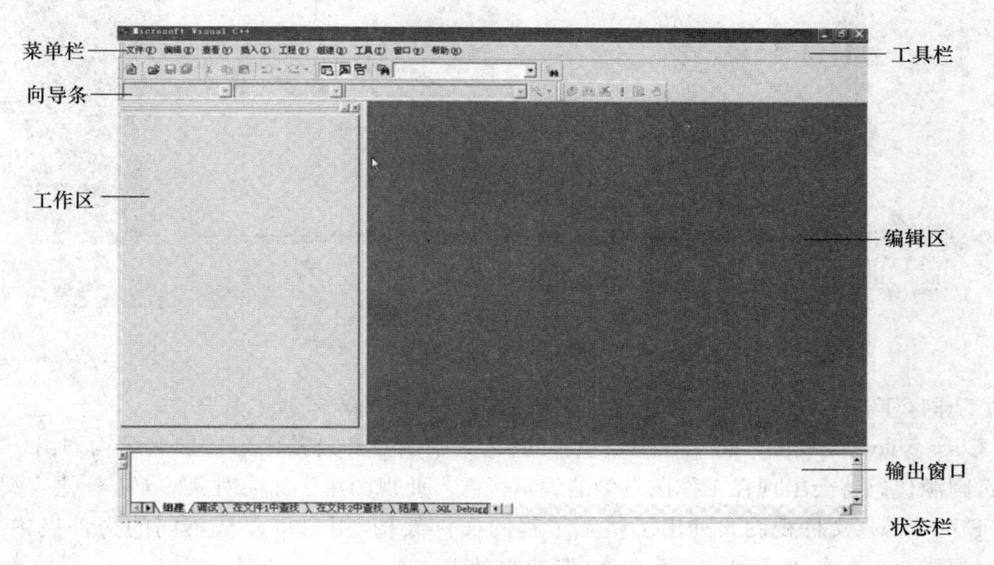

图 1-3　Visual C＋＋ 6.0 操作界面

相关知识：

1. 菜单栏、工具栏和状态栏

Visual C＋＋ 6.0 的窗口包含菜单栏、工具栏和状态栏，下面来分别介绍。

(1) 菜单栏。

①“文件”菜单：提供了文件和工程空间的新建、打开、保存等相关命令。

②“编辑”菜单：提供了复制、粘贴、查找等基本编辑命令，以及断点设置等命令。

③“查看”菜单：主要用来打开和关闭各个功能性窗口。

④“插入”菜单：用于将类、资源、文件、对象等添加到工程中。

⑤“工程”菜单：用于设置工程属性、将工程添加到工作区。

⑥“组建”菜单：用于程序的编译、连接、调试和运行。

⑦“窗口”菜单：打开多个文件时，可改变窗口的显示方式，在各文件之间切换，或者关闭打开的窗口。

(2) 状态栏显示了程序的基本状态。

(3) 工具栏为常用命令的按钮形式。

2. 工作区

工作区窗口位于集成开发环境的左侧区域,该区域在 Visual C++ 6.0 刚起动时不显示任何内容。当加载或新建一个工作区文件(工程包含在其中)时,工作区内将显示当前工作区中文件的树形结构,如图 1-4 所示。

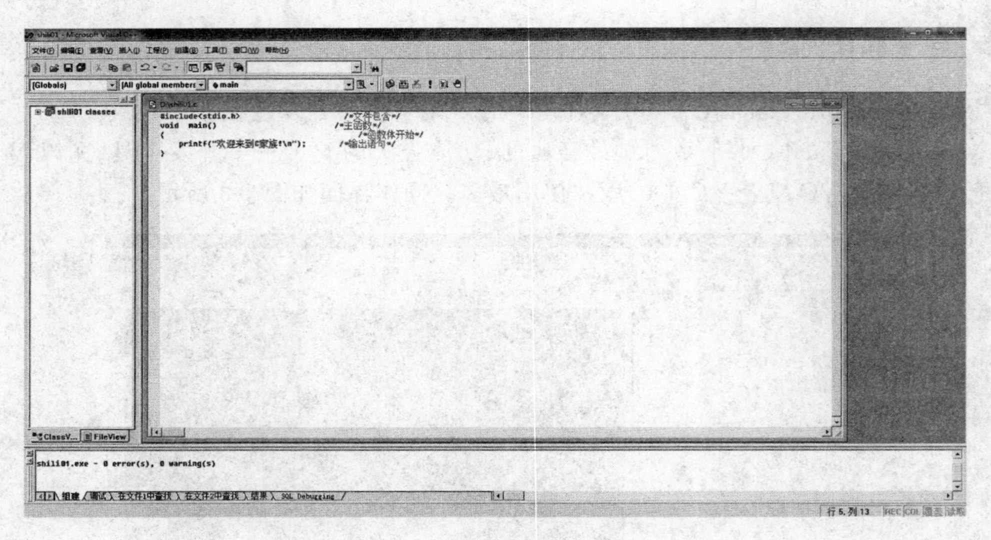

图 1-4　工作区界面

工作区下部有两个标签,分别允许用户以两种不同的方式查看程序。

Class View(类视图):将工程中所包含的类、类中函数和公共函数按层次结构列出。双击函数,则源代码将会出现在工作区右侧的编辑区内。此视图用于面向对象的 C++语言编程。

File View(文件视图):列出了整个工程的文件架构,用户可以从不同的文件夹中找到不同扩展名的文件,如源文件,头文件,资源文件等。

3. 编辑区

用户对代码和资源的一切操作都是在编辑区进行的。根据编辑的内容不同,编辑区会提供相应的功能。在编辑源程序时,编辑区是代码编辑窗口。

4. 输出窗口

输出窗口的作用是输出多种提示信息,主要包括编译程序的状态说明、出错信息、警告,以及某个变量的值或者某个关键字等。

任务五　第一个 C 语言程序

任务描述:

通过【实例 1】,掌握 C 语言程序在 Visual C++ 6.0 环境中的编辑、编译、连接、调试、运行的过程。

实现过程：

1. 创建源文件

步骤1 启动 Visual C＋＋ 6.0，打开“文件”菜单，选择“新建”菜单项，在打开的“新建”对话框中选择“文件”选项卡，在左侧文件类型列表中选择“C＋＋ Source File”选项，创建一个 C＋＋源程序，如图1-5所示。

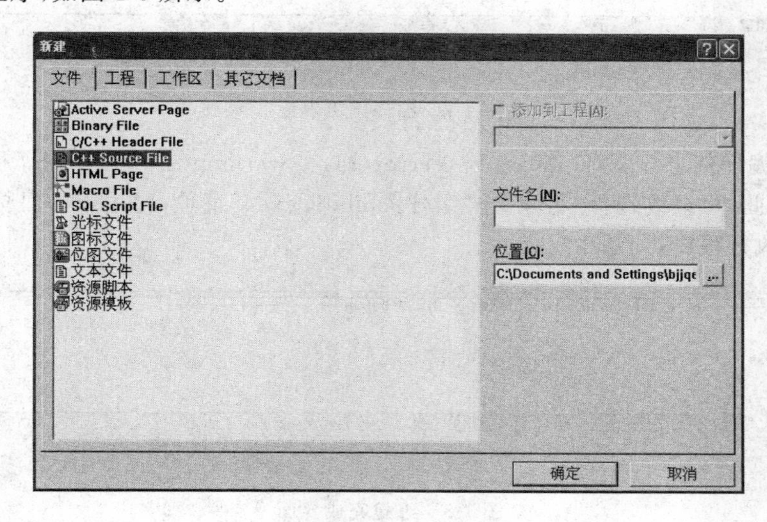

图1-5 创建源文件

步骤2 在右侧“文件名”编辑框中输入文件名“shili01.c”，然后单击浏览按钮选择文件存储位置。单击“确定”按钮，接下来在编辑区中输入以下代码：

```
#include<stdio.h>
main()
{
    printf("欢迎来到C家族！\n");
}
```

步骤3 单击工具栏中的“保存”按钮或者直接按【Ctrl＋S】组合键，保存文件，源程序创建完成。

2. 编译连接

步骤1 选择“组建”→“编译[shili01.c]”菜单，系统将显示如图1-6所示对话框，询问是否在创建源文件的目录下建立一个活动工程和一个工作空间。

图1-6 编译对话框

步骤2 单击“是”按钮，创建一个与源程序同名的工作区（对应文件为“shili01.dsw”）

和一个工程(对应文件为“shili01. dsp”),系统开始编译。编译结束后,将在输出窗口显示编译信息,如图 1-7 所示。

```
--------------------Configuration: shili01 - Win32 Debug--------------------
Compiling...
shili01.c

shili01.obj - 0 error(s), 0 warning(s)
```
组建 / 调试 / 在文件1中查找 / 在文件2中查找 / 结果 / SQL Debugging

就绪

图 1-7　编译结束界面

步骤 3　编译信息显示“shili01. obj-0 error(s), 0 warning(s)”,表示编译程序时没有错误和警告。为此,可继续选择“组建”→“组建[shili01. exe]”菜单,对生成的目标程序进行连接,以生成可执行程序,如图 1-8 所示。

```
--------------------Configuration: shili01 - Win32 Debug--------------------
Linking...

shili01.exe - 0 error(s), 0 warning(s)
```
组建 / 调试 / 在文件1中查找 / 在文件2中查找 / 结果 / SQL Debugging

图 1-8　组建完成界面

3. 调试运行

编译连接通过后,选择“组建”→“执行[shili01. exe]”菜单,或者直接按【Ctrl+F5】组合键,运行生成的程序,将出现图 1-9 所示画面。结果正确无误,按任意键返回。

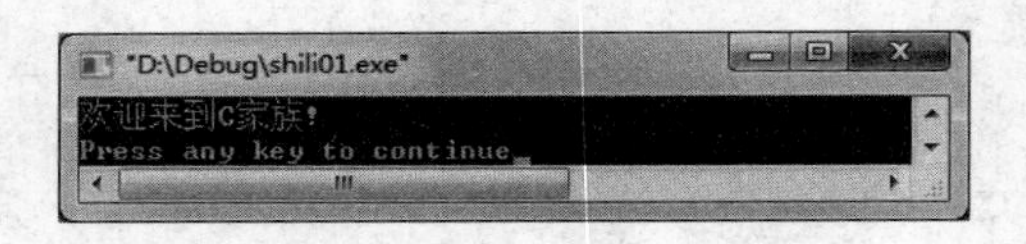

图 1-9　运行结果

任务六　Visual C++ 6.0 的调试功能

任务描述:

学习在 Visual C++ 6.0 环境下,调试 C 语言程序。

实现过程:

步骤 1　设置断点

程序成功编译后,将鼠标光标停留在需要设置断点的代码行,单击工具栏按钮即可添加断点,此时该行前端将出现一个断点标志,如图 1-10 所示。

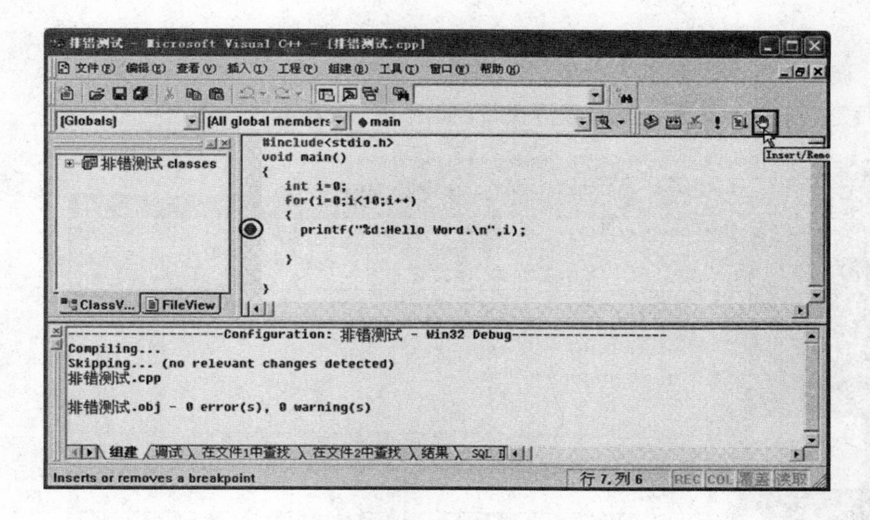

图 1-10　设置断点

步骤 2　开始调试

如图 1-11 所示，打开“组建”下拉菜单，执行“开始调试”→“GO”命令（或直接按【F5】键），程序会进入调试模式，并且会在断点处暂停，如图 1-12 所示。

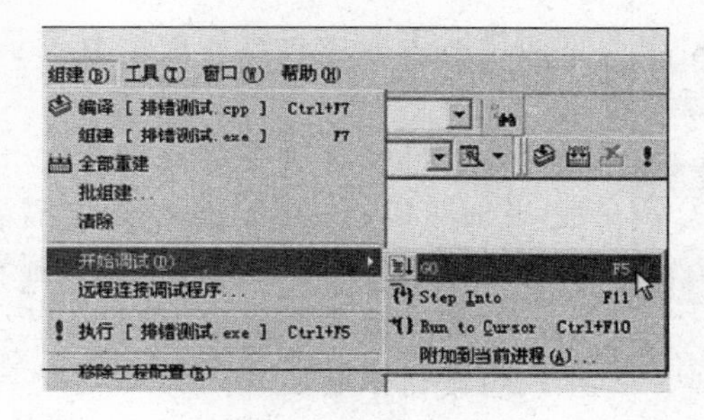

图 1-11　选择调试命令

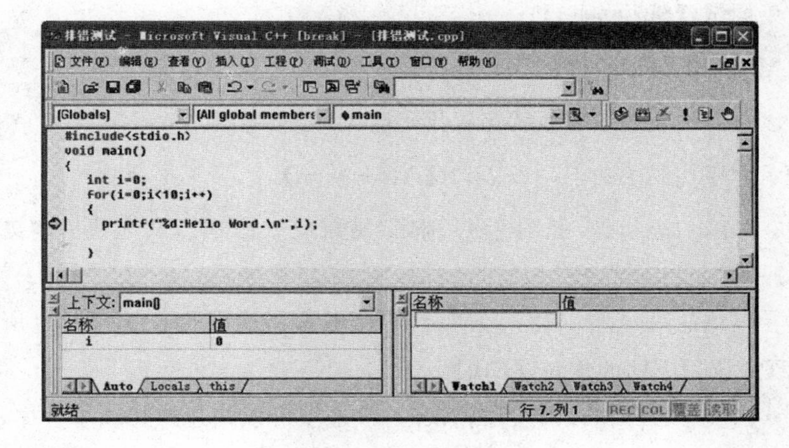

图 1-12　程序在断点处暂停

步骤 3　单步调试

打开“调试”下拉菜单，执行“Step Over”命令或直接按【F10】键，即可单步运行程序。不断按【F10】键，程序会一步一步地向前执行，如图 1-13 所示。

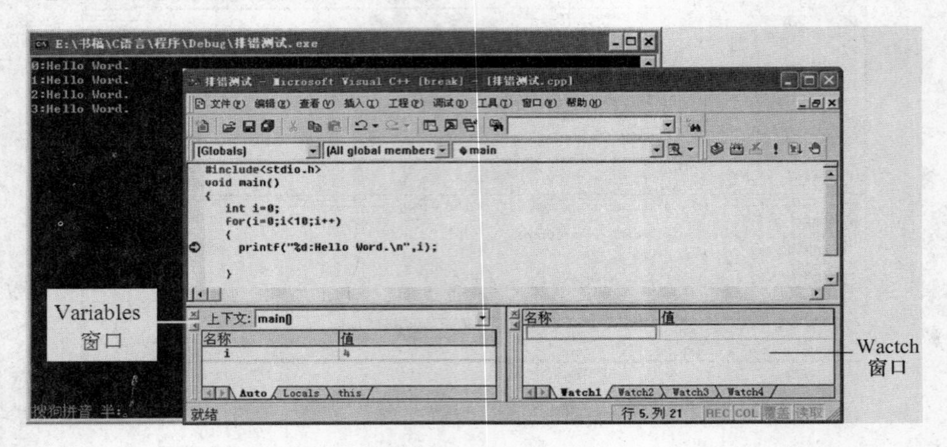

图 1-13　单步调试

单步调试程序时，可以 Variables 窗口和 Watch 窗口中查看变量值的变化，这两个窗口的作用如下：

(1) 在 Variables 窗口中会自动显示当前运行程序中所有变量的值。随着单步调试的进行，会看到变量 i 的值逐渐递增。

图 1-14　“调试”工具栏

(2) 如果本地变量比较多，Variables 窗口就会比较混乱，此时可以直接在代码中选中需要监控的变量，将其拖放到 Watch 列表，该变量的值会被显示出来。

在调试模式下，“调试”工具栏会自动弹出，如图 1-14 所示。各按钮作用如下：

① 重启调试(【Ctrl+ Shift+F5】)；

② 结束调试(【Shift+F5】)；

③ 在当前点上挂起程序的执行；

④ 可以在调试状态下修改程序源代码(【Alt+F10】)；

⑤ 显示程序代码中的下一条语句(【Alt+Num】)；

⑥ 正在跟踪的语句是一个子程序调用(函数或方法)时，该选项单步进入所调用的子程序(【F11】)；

⑦ 正在跟踪的语句是一个子程序调用(函数或方法)时，该选项跳过所调用的子程序，停留在子程序调用下面的语句(【F10】)；

⑧ 确认当前子程序中没有程序错误时，该选项可以快速执行该子程序，并停留在子程序后面的语句(【Shift+F11】)；

⑨ 快速执行到光标所在的代码处(【Ctrl+F10】)；

⑩ 显示 QuickWatch 窗口，在该窗口可以计算表达式的值(【Shift+F9】)；

⑪ 打开 Watch 窗口，该窗口包含当前程序中变量名的当前值，以及所有选择表达式；

⑫ 打开 Variables 窗口，该窗口包含关于当前和前面的语句中所使用的变量和返回值。

任务七　了解算法

任务描述：

什么是程序？如何编写程序？如何编写高效率的程序？通俗地讲，编写程序就是将现实世界的问题用计算机语言表达出来，实现计算机与人的交互，让计算机按照编程人员规定的步骤完成指定的任务。那么，就要解决以下三个问题：

(1) 如何用计算机语言表达现实世界的实体？

(2) 解决问题的方法和步骤是什么？

(3) 计算机语言的语法规则是什么？

本任务初步讨论前两个问题，利用算法分析工具表达现实世界的实体及解决问题的方法和步骤。

相关知识：

1. 什么是算法

一个程序应该包括以下内容：

(1) 对数据的描述。在程序中数据的类型和数据的组织形式，即数据结构。

(2) 对操作的描述。即操作步骤和解决问题的方法。

把为解决一个问题而采取的方法和步骤就称为算法。计算机能够执行的算法可分为两大类：数值运算算法，主要用于求解数值，如求复杂算式的值、求方程的根等；非数值运算算法，主要用于事务管理领域，如图书检索、公交汽车车辆调度等。

算法是程序的核心，也是程序设计的基础。当用计算机处理不同的问题时，必须对问题进行分析，确定解决问题的方法和步骤，也就是算法。再编写出计算机执行的指令——程序，交给计算机执行。

2. 算法的特征

一个算法应具有以下特性。

(1) 有穷性。一个算法应该包含有限的操作步骤，而不能是无限的。事实上，“有穷性”往往指“在合理的范围之内”。究竟什么算“合理限度”，并无严格标准，由人们的常识和需要而定。

(2) 确定性。算法中的每一个步骤都应当是确定的，而不应当是含糊的、模棱两可的。

(3) 有零个或多个输入。所谓输入是指在执行算法时需要从外界取得必要的信息。一个算法也可以没有输入。

(4) 有一个或多个输出。算法的目的是为了了解,"解"就是输出。没有输出的算法是没有意义的。

(5) 有效性。算法中的每一个步骤都应当能有效地执行,并得到确定结果。

设计一个好的算法必须考虑以下要求:

① 正确性。算法的执行结果应当满足预定的功能和性能要求。

② 可读性。算法主要是为了编程人员的阅读与交流,其次才是计算机执行,因此算法应当易于理解、思路清晰、层次分明、简单明了。

③ 健壮性(稳健性)。当输入的数据非法时,算法应当适时地做出反应或进行相应处理,而不是产生莫名其妙的输出结果。

④ 高效率与低存储量需求。通常,效率指的是算法的执行时间,存储量指的是算法执行过程中所需的最大存储空间。两者都与问题的规模有关。

任务八　算法的描述

任务描述:

算法如何描述呢? 由于算法是由一系列步骤组成,那么任何一步骤从广义上来看,都可以看作是一个算法。常用的描述方法有自然语言、传统流程图、N-S 流程图、伪代码形式。

相关知识:

1. 自然语言

自然语言就是人们日常生活中所使用的语言,可以使用人类语言加上数学语言描述一个算法的实现,其特点是通俗易懂,但描述不直观、容易造成歧义。

例如:表示一个学生每天行程的通用算法,下面的描述可以看作是一个算法。

(1) 起床;

(2) 吃早饭;

(3) 上早自习;

(4) 上课;

(5) 吃午饭;

(6) 上课;

(7) 吃完饭;

(8) 上晚自习;

(9) 睡觉。

2. 用流程图表示算法

流程图采用图形符号配合文字说明来表示各种操作,这种方法形象直观,易于理解。常用的流程图符号如图 1-15 所示。

例如:计算圆的面积,其流程图如图 1-16 所示。

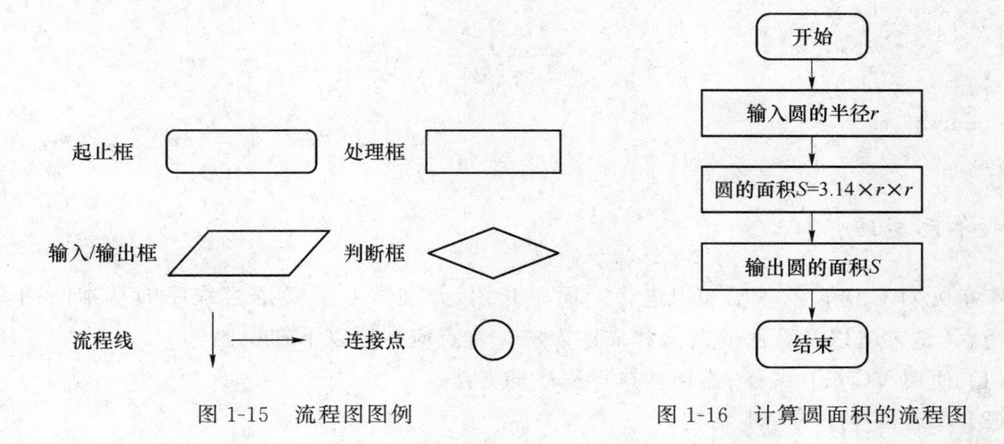

图 1-15　流程图图例　　　　图 1-16　计算圆面积的流程图

3. N-S 流程图

N-S 流程图与传统流程图相比,取消了流程线的使用,算法只能自上而下执行,常用的 N-S 结构图符号如图 1-17 所示。

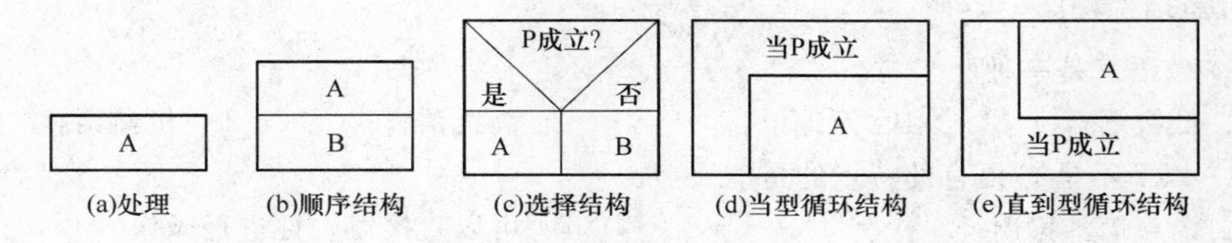

图 1-17　N-S 流程图图例

例如:输入 10 个人的成绩,输出最高分,用 N-S 图表示。

算法分析如下:

(1) 设置计算器 i,当输入一个人的成绩时,计数器+1,直到输完所有学生的成绩为止。

(2) 设置变量 max 用于存放最大数,每输入一个数 x,就与 max 比较,若 max 小于 x,则将 x 存放在 max 中。

(3) 先输入一个数,将其置于 max 中。

其 N-S 图如图 1-18 所示。

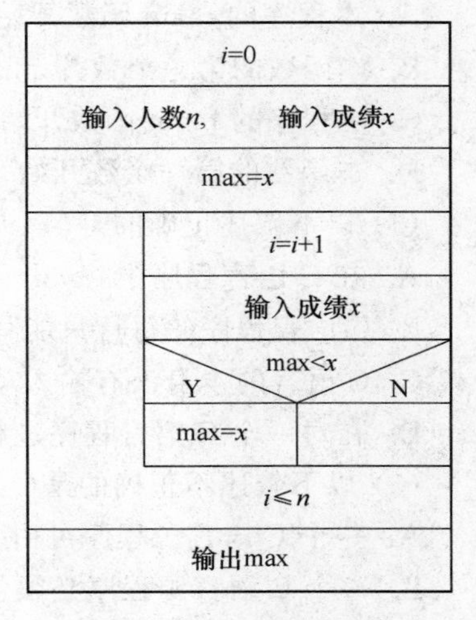

图 1-18　N-S 表示的算法

4. 用伪代码表示算法

伪代码介于自然语言和计算机语言之间,通过接近编程语言的文字和符号来描述算法。采用这种方式时,并无固定、严格的语法规则,可以使用英文也可以使用中文,把意思表达清楚即可。

例如:用伪代码表示计算 5! 的算法。

```
begin
  t←1;
  i←2;
  while(i≤5)
```

```
  {      t←t * i
         i←i+1
  }
  printf  t
end
```

单元总结：

本单元对C语言的基础知识进行了简单介绍，分别学习了C语言程序的基本结构，运行环境、调试方法以及算法的概念和描述方法。重点应掌握以下知识：

(1) 使用VC 6.0编译、连接和执行程序的方法。

(2) C语言程序的基本结构。

(3) 算法及算法描述。

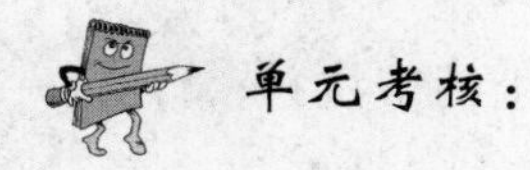

单元考核：

1. 单项选择题

(1) C语言是一种(　　)。

A. 低级语言　　B. 汇编语言　　C. 高级语言　　D. 机器语言

(2) 以下不是C语言的特点的是(　　)。

A. 语言简洁紧凑　　B. 可以直接对硬件进行操作

C. 数据类型丰富　　D. 是面向对象的程序设计语言

(3) 一个C语言程序的执行是从(　　)。

A. 本程序的main函数开始，到main函数结束

B. 本函数的第一个数开始，到本程序文件的最后一个函数结束

C. 本程序的main函数开始，到本程序文件的最后一个函数结束

D. 本函数的第一个数开始，到本程序main函数结束

(4) 以下叙述正确的是(　　)。

A. 在C语言程序中，main函数必须位于程序的最前面

B. C语言程序的每行只能写一条语句

C. C语言的本身没有输入/输出语句

D. 在对一个C语言程序进行编译的过程中，可以发现注释中的拼写错误

(5) 以下叙述不正确的是(　　)。

A. 一个C语言源程序可由一个或多个函数组成

B. 一个C语言源程序必须包括一个main函数

C. C语言程序的基本组成单位是函数

D. 在C语言程序中，注释说明只能位于一条语句的后面

(6) C语言规定：在一个源程序中，main函数的位置(　　)。

A. 必须在最开始　　B. 必须在系统调用的库函数的后面

C. 可以任意　　D. 必须在最后

(7) 一个 C 语言程序是由(　　)。

A. 一个主程序和若干子程序组成　　B. 函数组成

C. 若干过程组成　　D. 若干子程序组成

(8)以下叙述中正确的是(　　)。

A. C 语言程序的基本组成单位是语句

B. C 语言程序中的每一行只能写一条语句

C. C 语句必须以分号结束

D. C 语言必须在一行内写完

(9) 以下叙述中正确的是(　　)。

A. C 语言程序中的注释只能出现在程序的开始位置和语句的后面

B. C 语言程序书写格式严格,要求一行内只能写一个语句

C. C 语言程序书写格式自由,一个语句可以写在多行上

D. 用 C 语言编写的程序只能放在一个程序文件中

(10) 以下叙述中正确的是(　　)。

A. C 语言程序将从源程序中第一个函数开始执行

B. 可以在程序中由用户指定任意一个函数作为主函数,程序将从此开始执行

C. C 语言规定必须用 main 作为主函数名,程序从此开始执行,在此结束

D. main 可作为用户标识符,用以命名任意一个函数作为主函数

(11) 下列叙述中正确的是(　　)。

A. 每个 C 语言程序文件中都必须要有一个 main 函数

B. 在 C 语言程序中 main( )位置是固定的

C. C 语言程序中所有函数之间都可以相互调用,与函数所在位置无关

D. 在 C 语言程序的函数中不能定义另一个函数

(12) C 语言源程序的基本单位是(　　)。

A. 过程　　B. 函数　　C. 子程序　　D. 标识符

(13) 下列关于算法的特点描述中错误的是(　　)。

A. 有穷性　　B. 确定性

C. 有零个或多个输入　　D. 有零个或多个输出

(14) 以下选项中不属于算法特性的是(　　)。

A. 有穷性　　B. 确定性　　C. 简洁性　　D. 有效性

(15) 用 C 语言编写的代码程序(　　)。

A. 可立即执行　　B. 是一个源程序

C. 经过编译即可执行　　D. 经过编译解释才能执行

2. 填空题

(1) C 语言的源程序必须通过和________连接后,才能被计算机执行。

(2) C 语言源程序文件的扩展名是.c;经过编译后,生成文件的扩展名是.obj;经过连接后,生成文件的扩展名是________。

(3) C 语言从源程序的书写到上机运行输出结果要经过编辑、连接、执行、________四个步骤。

(4) 结构化程序由________、选择结构和循环结构三种基本结构组成。

(5) C 语言源程序的基本单位是________。

(6) 一个 C 语言源程序是由若干函数组成,其中至少应含有一个________。

(7) 在一个 C 语言源程序中,注释部分两侧的分界符为________。

(8) ________是程序设计的灵魂。

(9) C 语言程序只能从________开始执行。

(10) 自然语言、流程图、________和伪代码都可以用来表示算法。

3. 编程题

(1) 用 N-S 图表示求 1+2+3+…+100 的算法。

(2) 在屏幕上显示"你好,欢迎使用 Visual C++ 6.0"字样。

(3) 在屏幕上列出自己的以下信息:

姓名:NNN

专业:MMMMM

班级:CCCCC

住址:AAAAAAAAAAA

单元 2　数据类型与运算符

在编写 C 语言程序时，首先要涉及的是数据描述和功能描述。数据是实现功能的过程，功能是数据设计、运算（或处理）的结果，没有数据，C 语言程序就无法实现人们设计的功能，可见数据在 C 语言程序中的重要性。

学习任务：

✧ 掌握 C 语言中的标识符和关键字。
✧ 掌握 C 语言的基本数据类型。
✧ 掌握不同数据类型之间的转换，能在实际应用中准确地设计程序所需要的数据。
✧ 掌握各种运算符的使用方法及其优先级和结合性。
✧ 掌握各种复合赋值运算符的使用方法。
✧ 掌握数据的表示形式，理解不同的数据类型在内存中占据空间是不同的。

学习目标：

✧ 牢记 C 语言中的关键字，掌握不同的数据类型及其相互间的转换。
✧ 学会对变量的定义、赋值及使用方法。
✧ 学会使用 C 语言的运算符及其表达式。
✧ 能够灵活使用各种运算符及其优先级和结合性。
✧ 掌握各种复合赋值运算符的使用方法。
✧ 熟练使用数据在编程中的应用。

任务一　标识符及关键字

任务描述：

通过学习 C 语言的简单程序，掌握标识符、关键字在程序中的作用，在程序中能正确地使用标识符及关键字。

【实例 1】 编写程序，求两个已知整型变量 a，b 的和，并输出。

实例说明：

在程序中需要定义的变量 a，b 及和 sum 都是程序中的标识符，在程序中还要用到定义

```
C:\Program Files\Dev-Cpp\sum.exe
a+b=40
--------------------------------
Process exited after 0.2218 seconds with return value 6
请按任意键继续. . .
```

图 2-1 【实例 1】运行结果

整型变量的关键字 int，这些都是在今后编程中使用到的，要正确地定义标识符、使用关键字。程序运行结果如图 2-1 所示。

知识要点：

1. 标识符

在 C 语言程序中使用的变量名、函数名等统称为标识符，比如上面实例中的 a，b，sum 等都是标识符。除库函数的名称需要由系统定义外，其余的都由用户自行定义。

C 语言规定，标识符只能由 26 个英文字母的大小写、10 个阿拉伯数字 0～9 以及下划线_组成，并且其第一个字符必须是字母或下划线。标识符不能以数字开头，比如 2stu、5app 等是错误的标识符；不可以使用关键字作为标识符；严格区分大小写，比如 area、Area 是两个不同的标识符。

在给标识符命名时，尽量起个有意义的名称，尽可能地用英文或拼音，比如一个完整的单词，让人一看这个名称就能知道这个标识符的含义。如果标识符中含有多个单词，可以使用驼峰标识（除开第一个单词，后面每个单词的首字母都是大写）：firstName、myFirstName，或者使用下划线_来连接：first_name、my_first_name。

说明：在不同 C 语言版本中，对标识符的长度有不同的要求。大多数系统取前 8 个字符作为有效字符，在定义标识符时，为了程序的可移植性和可读性，尽量不超过 8 个字符。

2. 关键字

C 语言提供的有特殊含义的符号，也称为“保留字”。关键字是标识符的一种，已被 C 语言本身使用，不能作其他用途的标识符，用户定义的关键字不应与关键字相同，否则程序会报错。C 语言一共提供了 32 个关键字，这些关键字都被 C 语言赋予了特殊含义。

根据关键字的作用，可以将关键字分为数据类型关键字和流程控制关键字两大类。关键字全部都是小写。具体如下：

auto	break	case	char	const	continue	default	do
double	else	enum	extern	floatforgoto	if		
int	long	register	return	short	signed	sizeof	static
struct	switch	typedef	union	unsigned	void	volatile	while

（1）类型说明关键字：用于定义、说明变量、函数的类型，比如 int、float 等。

（2）语句定义符：用于表示一条语句的功能，比如 for、switch、case 等。

（3）预处理说明符：用于表示一条预处理命令，比如 include、define 等。

（4）流程控制关键字：用于程序中流程的控制，比如 return、continue、break、goto 等。

实现过程：

```
#include <stdio.h>
main()
{
    int a,b;
    int sum = 0;
    a = 10;
```

```
    b = 30;
    sum = a + b;
    printf("a + b = %d",sum);
}
```

任务二 变量及整型数据

【实例 2】 编写C语言程序,求任意两个整数的和、差、积、商,两个整型数据由键盘输入。

实例说明:

需要设计的变量有整型数据 a,b;存放两个整型数据的和差积商的值 sum,dif,mul,div;需要定义六个变量。在计算和差积商时,和数学代数式中的+、-、×、÷有所不同,在C语言中和差积商的算术运算符表示为:+、-、*、/。这里的除'/'是整除,结果是整数,没有小数,比如 4/8 的结果是零,而不是 0.5,这一点与数学中的不同。程序运行结果如图 2-2 所示。

知识要点:

数据设计就是根据项目功能的需要,选择符合题目要求的数据类型,通过数据的输入/输出操作,完成项目的功能。

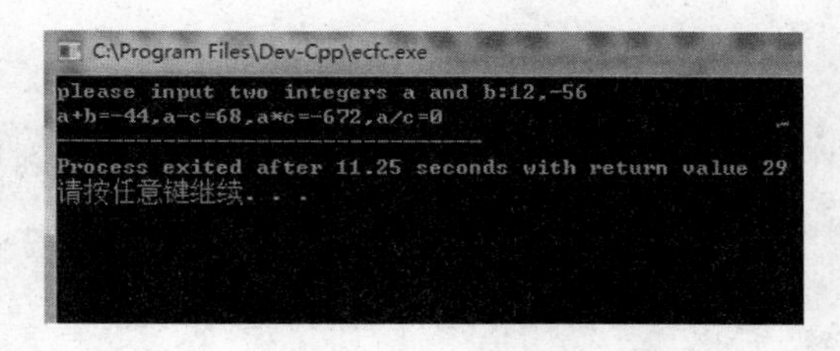

图 2-2 整型数据的和差积商运行结果

1. 数据的分类

计算机中存储的数据可以分为两种:静态数据和动态数据。

(1) 静态数据是指一些永久性的数据,一般存储在硬盘中。硬盘的存储空间一般都比较大,现在普通计算机的硬盘都有 500 GB 左右,因此硬盘中可以存放一些比较大的文件。

存储的时长:计算机关闭之后再开启,这些数据依旧还在,只要你不主动删掉或者硬盘没坏,这些数据永远都在。

静态数据一般是以文件的形式存储在硬盘上,比如文档、照片、视频等。

(2) 动态数据也称为临时数据。动态数据指在程序运行过程中,动态产生的临时数据,一般存储在内存中。

存储的时长:计算机关闭之后,这些临时数据就会被清除。

动态数据:当运行某个程序(软件)时,整个程序就会被加载到内存中,在程序运行过程中,会产生各种各样的临时数据,这些临时数据都是存储在内存中的。当程序停止运行或者计算机被强制关闭时,这个程序产生的所有临时数据都会被清除。

2. 数据的大小

(1) 不管是静态还是动态数据,都是 0 和 1 组成的。

(2) 数据都有大小,静态数据就会占用硬盘的空间,动态数据就占用内存的空间。

(3) 数据越大,包含的 0 和 1 就越多,比特位和字节的关系为:

1 KB = 1024 B,1 MB=1024 KB,1 GB=1024 MB,1 TB=1024 GB

3. 常量

C 语言中有两种表征数据的形式:常量和变量。

(1) 常量

常量表示固定的数据,有以下四种分类。

整型常量:如 10,−8,123 等。

浮点型常量:如 3.2,−8.9,3.23f 等。

字符型常量:如'12','a','A'等(不能是中文,如'西京')。

字符串常量:如'space','学号','5656'等。

(2) 符号常量

在编写程序时,用一个有意义的标识符来表示某个特定的值时,该标识符被称为符号常量。在 C 语言中符号常量需要明确的定义,习惯上符号常量名用大写字母表示。其语法格式如下:

```
#define 符号常量名常量            //define 是宏命令而非 C 语句,其命令行末尾不能加分号。
示例:#define    PI     3.1415926
     #define    M      20
     #define    N      -1
```

示例中定义了 PI,M,N 为符号常量,分别用来替代常量 3.1415926,20,−1。

4. 变量

① 定义:在程序运行期间,随时可能产生一些临时数据,程序会将这些数据保存在一些内存单元中,每个内存单元都用一个标识符来标识,这些内存单元称为变量,定义的标识符就是变量名,内存单元中存储的数据就是变量的大小。

② 目的:变量使用前必须先进行定义。在内存中分配一块存储空间给变量,以便以后存储数据。如果定义了多个变量则为多个变量分别分配不同的存储空间。

③ 定义格式:变量类型变量名。

```
如 int  a,b,sum;
 char  c1,c2;
 double  root1,root2,delt;
```

④ 变量的赋值:

在定义变量时,对一个变量赋初值,可以采用以下几种方式。

先定义后赋值:int a,b; a=10;b=5;

在定义的同时赋值:int a=2;

⑤ 变量名、变量在内存中占据的存储单元、变量值三者关系。

三者关系如图 2-3 所示。变量名在程序运行过程中不会改变,变量的值可以改变,变量名遵循标识符规则。

5. 变量的数据类型

在书写应用程序代码时,数据在存储时所需要的存储单元各不相同,为了区分不同的数据,需要将数据划分为不同的数据类型。C 语言中的数据类型如图 2-4 所示。

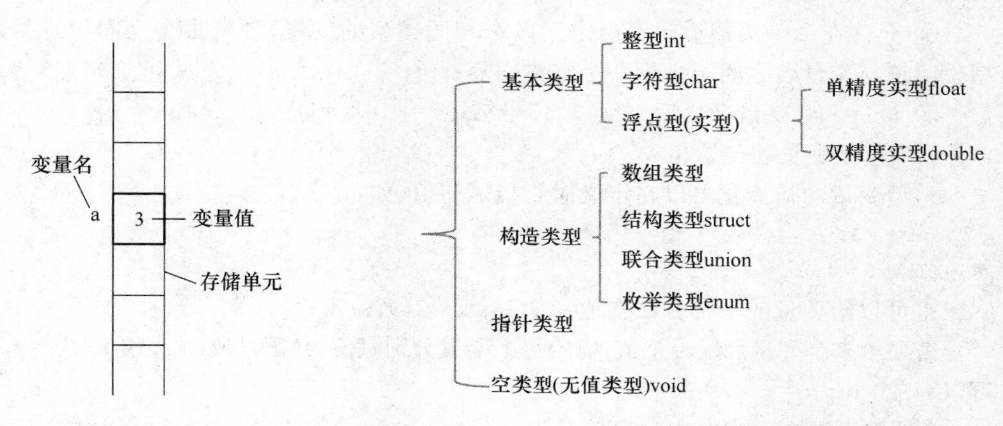

图 2-3　变量名、变量值及存储单元关系　　　　图 2-4　C 语言的数据类型

6. 整型数据

整型数据是编程中使用最多的数据。

1) 整型常量

常量的表示方法是指常量数值的表示形式,C 语言程序中有三种不同的表示形式:八进制、十近制、十六进制。

① 八进制整数:C 语言规定以数字 0 开头,采用 8 个不同的数码符来表示的数。由数字 0～7 组成,逢 8 进位。如 011,－0123。

② 十进制整数:采用 10 个不同的数码符来表示的数。由数字 0～9 组成,逢 10 进位。如 14,－21。

③ 十六进制整数:C 语言规定以 0x 开头,采用 16 个不同的数码符来表示的数,由数字 0～9,字母 a～f 组成,逢 16 进位。如 0x2C,0x15,－0x13。

2) 整型变量

(1) 整型变量的分类:整型变量可分为短整型、整型、长整型、和无符号型四种。

① 整型类型说明符为 int,在内存中占 2 个字节,其取值范围为－32768～32768($-2^{15}\sim2^{15}-1$)。

② 短整型类型说明符为 short int 或 short。所占字节和取值范围均与整型相同。

③ 长整型类型说明符为 long int 或 long,在内存中占 4 个字节,其取值范围为－2147483648～2147483647($-2^{31}\sim2^{31}-1$)。长整型后面加字母 l 或 L,如 0277L。

④ 无符号型类型说明符为 unsigned,存储单元中全部二进位(bit)用作存放数本身,在一个整型后面加字母 u 或 U,认为是无符号整型。如 21789u。

(2) 整型变量的定义

C 语言规定所有变量都必须先定义,后使用。对变量的定义,一般放在某个函数的开头部分的声明部分。

整型数据类型说明符变量名 1,变量名 2,…,变量名 *n*

```
如 int  a,b,c;                    //指定变量 a,b,c 为整型变量
```

在书写变量定义时,应注意以下几点:

① 变量名的定义要符合标识符的命名规则;

② 允许在一个类型说明符后定义多个相同类型的变量，各变量名之间用逗号间隔，类型说明符与变量名之间至少用一个空格间隔；

③ 最后一个变量名之后必须以“;”号结尾。

(3) 整型变量的初始化

整型变量的初始化可以在定义时直接赋初值，如：

```
int r = 3;
float c = 0.65;
```

也可以给变量的一部分赋初值。如 int x=3,y,z;

若要给多个变量赋同一个值，需给每个变量分别赋值，必须写成：int　x=3,y=3,z=3;不可以写成：int x=y=z=3;

(4) 整型数据在内存中的存储形式

如果定义一个整型变量 i：　　int i;i=10;

其在内存中的存储形式，如图 2-5 所示。

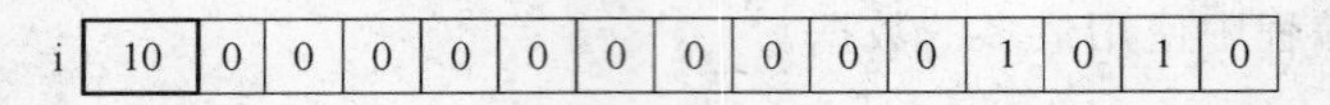

图 2-5　整型变量 i 的值 10 在内存存储形式

整型数据在内存中是以二进制补码形式存放：正数的补码和原码相同；负数的补码：将该数的绝对值的二进制形式按位取反再加 1。

例如，求 -10 的补码的方法为

① 10 原码表示形式为

0	0	0	0	0	0	0	0	0	0	0	0	1	0	1	0

② 原码取反表示为

1	1	1	1	1	1	1	1	1	1	1	1	0	1	0	1

③ 反码加 1 得到 -10 的补码为

1	1	1	1	1	1	1	1	1	1	1	1	0	1	1	0

由此可知，左面的第一位是表示符号的。

(5) 整型数据的溢出

整型数据最大允许值+1，最小允许值-1 都会造成数据的溢出，发生溢出，程序运行时不报错。如下程序中 x,y 的值发生了溢出。

```
main()
{
  int x,y;
  x = 32767;
  y = x + 1;
```

```
    printf("\nx = %d,x + 1 = %d\n",x,y);

    x = -32768;
    y = x - 1;
    printf("\nx = %d,x - 1 = %d\n",x,y);

    getch();
}
```

程序运行结果如图 2-6 所示。

```
C:\Program Files\Dev-Cpp\yc.exe

x=32767,x+1=32768

x=-32768,x-1=-32769

--------------------------------
Process exited after 115.2 seconds with return value 13
请按任意键继续. . .
```

图 2-6　整数溢出结果界面

实现过程：

```
#include "stdio.h"
void main()
{
    int a,b;
    int sum,dif,mul,div;
    printf("please input two integers a and b:");
    scanf("%d,%d",&a,&b);
    sum = a + b;
    dif = a - b;
    mul = b * a;
    div = a/b;
    printf("a + b = %d,a - c = %d,a * c = %d,a/c = %d",sum,dif,mul,div);
}
```

任务三　浮点型数据

任务描述：

编写 C 语言程序，求解圆形面积和一元二次方程 $ax^2+bx+c=0$ 的根，圆形半径和方程的系数由键盘输入/输出结果由 printf()函数输出。掌握浮点型数据的定义方式和输出格式。

【实例 3】 编写程序计算圆形的面积。

实例说明:

在计算圆形面积的程序中,包含了变量定义,如面积 s,半径 r;常量定义,如 π 值的取值为常数 3.14,赋值语句和输出语句。程序运行结果如图 2-7 所示。

实现过程:

```
#include <stdio.h>
main()
{
    float s,r;
    float pi;
    pi = 3.14;
    printf("input a radius:\n");
    scanf("%f",&r);
    s = pi * r * r;
    printf("s = %.2f",s);
}
```

【实例 4】 求解一元二次方程的根。

实例说明:

在本实例中,针对不同的数据要进行设计,从方程式来看需要 3 个系数,还有 2 个实根,除此外还有"Δ"的值,需要设计 4 个变量,对于开方,需要用到开方函数 sqrt(),该函数需要头文件"#include <math.h>"的支持。还要注意算术表达式 b * b－4 * a * c 不要写成数学的代数式"b2－4ac",各个变量之间一定要用" * "号隔开。程序运行的结果如图 2-8 所示。

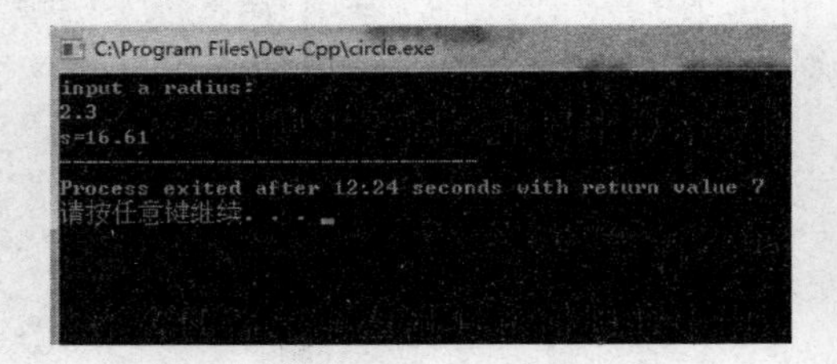

图 2-7 求圆面积运行结果界面

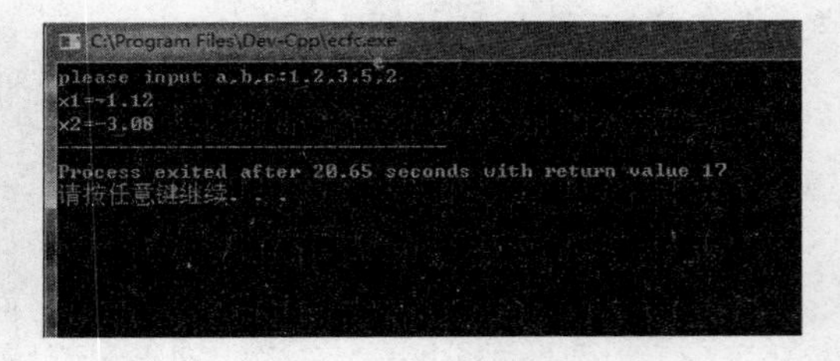

图 2-8 一元二次方程实根求解

实现过程:

```
#include "stdio.h"
#include "math.h"
void main()
{
    float a,b,c;                          //定义系数变量
    double x1,x2,del;                     //定义根变量和 Δ 变量
    printf("please input a,b,c:");        //提示用户输入 a,b,c 的值
    scanf("%f,%f,%f",&a,&b,&c);           //由键盘输入系数的值
    del = b * b - 4 * a * c;              //计算 Δ 的值并赋给变量 del
    x1 = ( - b + sqrt(del))/2 * a;        //计算平方根 x1 的值
```

```
    x2 = ( - b - sqrt(del))/2 * a;                //计算平方根 x2 的值
    printf("x1 = %.2f\nx2 = %.2f",x1,x2);        //输出两个根的值,并保留 2 位小数
}
```

知识要点：

实型数据：把可以含有小数部分的数据称为实型数据又称为实数或浮点数。

1. 实型数据的分类

C 语言按照数据表示的精确度不同，将实型数据分为单精度和双精度两种类型。单精度型实型数据用关键字 float 说明，双精度型实型数据用关键字 double 说明。

2. 实型常量

C 语言中实数只采用十进制。它有两种形式：十进制小数形式和指数形式。

(1) 十进制小数形式。由数字、小数点组成(必须有小数点)。

例如：123.0　　123.　　.123　0.1

(2) 指数形式。格式：aEn。

例如：123e3、123E3 都是实数的合法表示。

说明：

① 字母 e 或 E 之前必须有数字，e 后面的指数必须为整数，尾数部分和指数部分均不可省。例如：e3、2.1e3.5、.e3、e 都不是合法的指数形式。

② 规范化得指数形式。在字母 e 或 E 之前的小数部分，小数点左边应当有且只能有一位非 0 数字。用指数形式输出时，是按规范化的指数形式输出的。

例如：2.3478e2、3.0111E5、1.32546e10 都属于规范化的指数形式。

③ 实型常量不分单、双精度，都是按双精度型处理，如果要指定它为单精度，则必须添加后缀 f 或 F。

3. 实型变量

1) 实型变量的定义和初始化

实型变量的定义：

实型数据类型说明符变量名 1，变量名 2，…，变量名 *n*

其中实型数据类型说明符为实型数据类型中的任何一种，例如：

float　r;或 double r;

分别定义了一个单精度实型变量和一个双精度实型变量，可以通过赋值语句给该变量赋值。

2) 实型数据在内存中的存放形式

一个实型数据一般在内存中占 4 个字节(32 位)。与整数存储形式不同，实型数据是按照指数形式存储的。系统将实型数据分为小数部分和指数部分，分别存放。具体在内存中存放形式如图 2-9 所示。

3) 实型数据的有效位数

由于实数是由有限的存储单元组成的，因此能提供的有效数字总是有限的，在有效位以外的数字将被舍去，由此可能会产生一些误差。

实型数据的舍入误差(实型数据只能保证 7 位有效数字，后面的数字无意义)

```
void main()
{
    float a;
    double b;
    a = 12345. 67895;
    b = 12345.12345678912345;
    printf("a = % f,b = % f\n",a,b);
}
```

程序运行结果如图 2-10 所示。

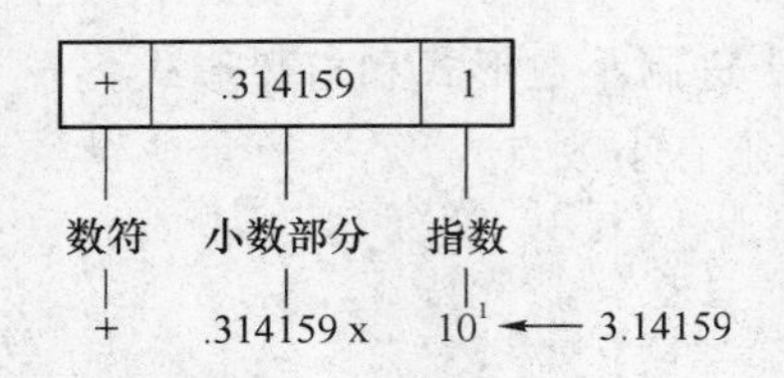

图 2-9　实型数据在内存中存放形式

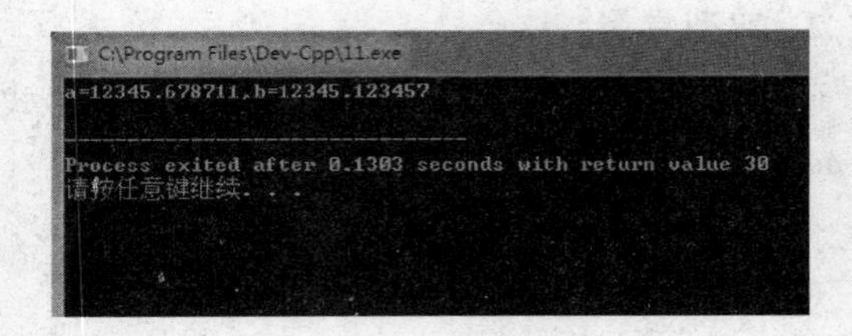

图 2-10　程序运行结果

说明：由于 a 是单精度实型数据，有效位数只有 7 位，而整数已占 5 位，故小数 2 位后的数均为无效数字。b 是双精度型，有效位为 16 位。但是 VC 6.0 规定小数后最多保留 6 位，其余部分四舍五入。由于实数存在舍入误差，使用时要注意：

(1) 不要试图用一个实数精确表示一个大整数，记住：浮点数是不精确地；

(2) 实数一般不判断“相等”，而是判断接近或近似；

(3) 避免直接将一个很大的实数与一个很小的实数相加、相减，否则会“丢失”很小的实数；

(4) 根据题目要求对数据设计选择合适的单精度或双精度类型。

任务四　字符型数据

任务描述：

在实际当中可能用到大小写字母间的转换，编写 C 程序将小写字母转换为大写字母，小写字母通过键盘输入，转换后的字母在屏幕上显示。

【实例 5】 编写程序将小写字母转换为大写字母。

实例说明：

C 语言中区分大小写，ASCII 码中大写字母与小写字母的差值为 32，比如大写字母 A 的 ASCII 码值为 65，小写字母 a 的 ASCII 码值为 97，两者的码值相差 32。利用该差值可以小写字母转换为大写字母，也可以将大写字母转换为小写字母，注意字符型变量定义所使用的关键字，以及在输出时的字符控制格式“%c”。

程序运行结果界面如图 2-11 所示。

知识要点：

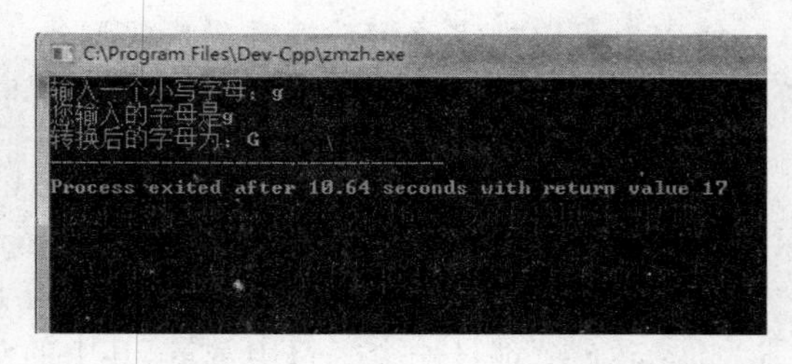

图 2-11　字母小写转换为大写程序运行结果

字符型数据：在现实生活中，除了整型数据、实型数据外，还有很多其他类型的数据。比如在录入学生学籍信息时，要录入学生的各科成绩、平均成绩、名次等，但也要录入学生的学号、姓名、性别、籍贯、课程名称等，后者就是用字符来描述的。

1. 字符型常量

用单引号(' ')括起来的一个字符。如'M','F','a','?'等都是字符常量。

除以上形式的字符常量外，还有一些特殊形式的字符常量，就是以一个'\'开头的字符序列，如'\n'、'\r'、'\t'等，它们代表一些特殊的含义“换行”、“回车”、“横向跳格”等，把这种字符称为转义字符。

C 语言中常用的以'\'开头的转义字符如表 2-1 所示。

表 2-1　转义字符及其含义

字符形式	功能	字符形式	功能
\n	换行(将当前位置移到下一行开头)	\f	换页
\t	横向跳格(即跳到下一个输出区)	\\	反斜杠字符"\"
\v	竖向跳格	\'	单引号(撇号)字符
\b	退格(将当前位置移到前一列)	\ddd	1 到 3 位 8 进制数所代表的字符
\r	回车	\xhh	1 到 2 位 16 进制数所代表的字符

2. 字符型变量

字符型变量是用来存放字符数据，同时只能存放一个字符。所有编译系统都规定以一个字节来存放一个字符，或者说，一个字符变量在内存中占一个字节。

字符型变量的类型说明符是 char。

定义格式：char 变量名 1，变量名 2，…，变量名 n

如：char c1,c2,c3;　　　　　//定义 c1,c2,c3 为字符型变量

每个字符变量被分配一个字节的内存空间，因此只能存放一个字符。字符值是以 ASCII 码形式存放在变量的内存单元中。例如 a 的十进制 ASCII 码值是 97，A 的 ASCII 码值是 65，对字符变量 c1，c2 赋予'a'，'A'的值。

c1 = 'a';　　c2 = 'A';

实际上是在 c1、c2 两个单元存放 97、65 相应的二进制代码。

c1：

0	1	1	0	0	0	0	1

c2：

0	1	0	0	0	0	0	1

所以也可以把字符型数据看成是整型量。C 语言允许对整型变量字符值,也允许对字符变量赋以整型值。输出时,允许把字符变量按整型量输出,也允许把整型量按字符量输出。

3. 字符串常量

用一对双引号(" ")括起来的字符序列。如:"CHINA","how do you do","$123.65","a"都是一个字符串常量,其中的双引号是定界符。'a'与"a"是两个不同类型的数据,它们在内存中的存放形式也是不同的。在使用时注意它们的区别。

任务五 枚举型数据

任务描述:

学习枚举类型数据的定义和使用方法。

【实例 6】 使用枚举类型数据,定义一个星期内的七天,并对枚举类型声明的变量赋值,并输出。

实例说明:

通过使用枚举语法格式定义了星期的集合,在该集合中,定义了 7 个常量,分别为 MON、TUE…SUN,它们的值分别为 0、1…6。枚举值默认从 0 开始,逐个加 1。如果人为的对枚举值设置,比如把 MON 设置为 MON=1,则其后的枚举值依次增 1。这里枚举值为常量,不是变量,不能赋值。具体看如下实例实现过程。程序运行结果界面如图 2-12 所示。

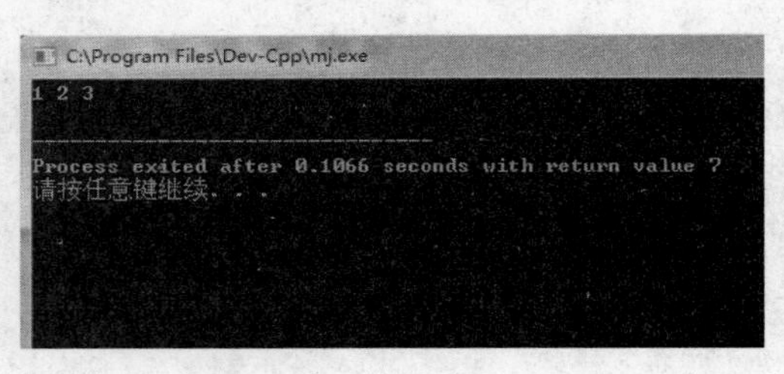

图 2-12 枚举型实例程序运行结果

知识要点:

在程序数据设计中,有时会用到由若干个有限数据元素组成的集合,如一周内的星期一到星期日七个数据元素组成的集合,由七种颜色赤橙黄绿青蓝紫组成的集合等等。程序中变量取值仅限于某个集合中的元素。此时,可将这些数据集合定义为枚举类型。因此,枚举类型是某类数据可能取值的集合。如一周内星期可能取值的集合为:

{Sun,Mon,Tue,Wed,Thu,Fri,Sat}

该集合可定义为描述星期的枚举类型,该枚举类型共有七个元素,因而用枚举类型定义的枚举变量只能取集合中的某一元素值。由于枚举类型是导出数据类型,因此,必须先定义枚举类型,然后再用枚举类型定义枚举变量。

C 语言提供了一种枚举(enum)类型,可以列出所有可能的取值。定义形式为:

enum 变量名{ 枚举值列表 };

说明:

(1) 枚举型是一个集合,集合中的元素(枚举成员)是一些命名的整型常量,元素之间用

逗号隔开。

(2) 变量名是一个标识符,可以看成这个集合的名字,是一个可选项。

(3) 第一个枚举成员的默认值为整型的 0,后续枚举成员的值在前一个成员上加 1。

(4) 可以人为设定枚举成员的值,从而自定义某个范围内的整数。

(5) 枚举型是预处理指令 # define 的替代。

(6) 类型定义以分号;结束。

实现过程:

```
/* 定义枚举类型 */
#include <stdio.h>
enum DAY { MON = 3, TUE, WED, THU, FRI, SAT, SUN };
void main()
{
    /* 使用基本数据类型声明变量,然后对变量赋值 */
    int x, y, z;
    x = 10;
    y = 20;
    z = 30;
    /* 使用枚举类型声明变量,再对枚举型变量赋值 */
    enum DAY yesterday, today, tomorrow;
    yesterday = MON;
    today     = TUE;
    tomorrow  = WED;
    printf(" %d %d %d \n", yesterday, today, tomorrow);
}
```

任务六　运算符及其表达式

任务描述:

运算符及其表达式是对 C 中数据进行关联运算操作的基础,通过实例的学习掌握 C 语言中的算术运算符及其表达式、赋值运算符及其表达式、关系运算符及其表达式、逻辑运算符及其表达式,还有自增、自减运算符,复合赋值运算符,逗号运算符,条件运算符等的使用。

【实例 7】 求三角形的面积。

实例说明:

通过利用海伦公式 $s=\sqrt{p(p-a)(p-b)(p-c)}$ 计算三角形的面积,其中 p 为周长的一半即 $p=\frac{1}{2}(a+b+c)$。这里面积 s,周长 p 的表达式均为数学表达式与 C 语言的算术表达式不同。此外,由于边长为实型数据,所以 p 为周长一半时,应除以 2.0 而不是 2。程序运行结果如图 2-13 所示。

实现过程：

```
#include "stdio.h"
#include "math.h"
void main()
{
    float a,b,c,s,p;
    printf("请输入三角形的三边长 a,b,c:\n");
    scanf("%f,%f,%f",&a,&b,&c);
    p=(a+b+c)/2.0;
    s=sqrt(p*(p-a)*(p-b)*(p-c));                    //C 语言的算术表达式
    printf("s=%.2f",s);
}
```

【实例 8】 关系运算符及表达式,关系运算符的值。

实例说明：

关系表达式的值是真"和"假",用"1"和"0"表示。如:5＞0 的值为"真",即为 1。【实例 8】通过一些关系表达式的运算得出其值,运行结果如图 2-14 所示。

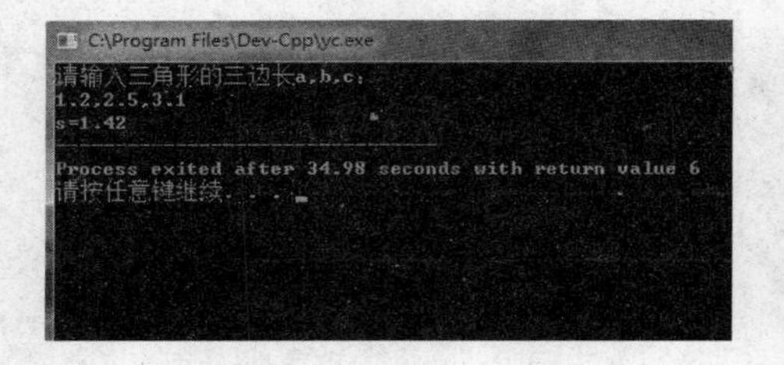

图 2-13　三角形的面积运算结果界面

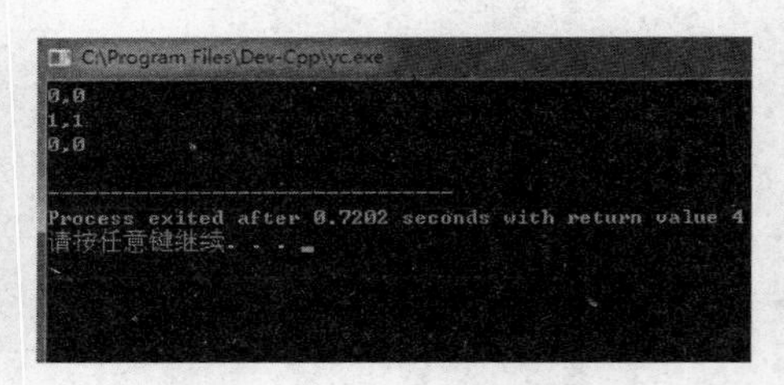

图 2-14　关系运算符运算结果

实现过程：

```
#include "stdio.h"
main()
{
char c='k';                                         //定义字符型变量
int i=1,j=2,k=3;                                    //定义整型变量并赋初值
float x=3e+5,y=0.85;                                //定义浮点型变量并赋初值

printf("%d,%d\n","a"+5<c,-i-2*j>=k+1);             //变量列表采用关系表达式
printf("%d,%d\n",1<j<5,x-5.25<=x+y);
printf("%d,%d\n",i+j+k==-2*j,k==j==i+5);
}
```

【实例 9】 求三角形的面积(对能否构成三角形进行判断)。

实例说明：

【实例 9】是针对三边符合"三角形的两边之和大于第三边"定理来求面积。本例要求对输入的三边 a,b,c 是否能构成三角形进行判断,如果能构成三角形,求其面积,不能构成三角形,输出不能构成三角形。这里需要用到关系表达式和逻辑表达式,比如判断能否构成三

角形的表达式为：a+b>c&&b+c>a&&c+a>b，对输入的三边进行判断。程序运行结果界面如图 2-15 所示。

实现过程：

```
#include "stdio.h"
#include "math.h"
void main()
{
    while(1){
    float a,b,c,s,p;                                //定义浮点型变量
    printf("请输入三角形的三边长 a,b,c:\n");         //输入提示信息
    scanf("%f,%f,%f",&a,&b,&c);                     //输入三角形三边
    if(a+b>c&&b+c>a&&c+a>b)                         //逻辑表达式判断能否构成三角形
    {
        p=(a+b+c)/2.0;
        s=sqrt(p*(p-a)*(p-b)*(p-c));                //海伦公式求三角形面积
        printf("s=%.2f",s);
    }

    else
        printf("输入的三边不能构成三角形!!");
    }
}
```

【实例 10】　由键盘输入一个年份，判断其是否为闰年。

实例说明：

闰年是四年一度的特殊年份。判断闰年的条件：能被 4 整除同时不能被 100 整除的年份，或者能被 400 整除的年份，称之为闰年。从键盘上输入一个表示年份的整数，判断该年份是否是闰年，将判断后的结果显示在屏幕上。该程序中使用了逻辑运算符及其表达式用来判断闰年。程序运行结果如图 2-16 所示。

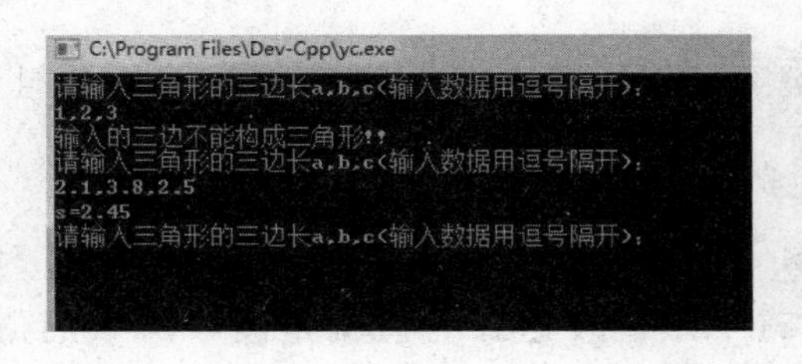

图 2-15　三角形面积的运算结果

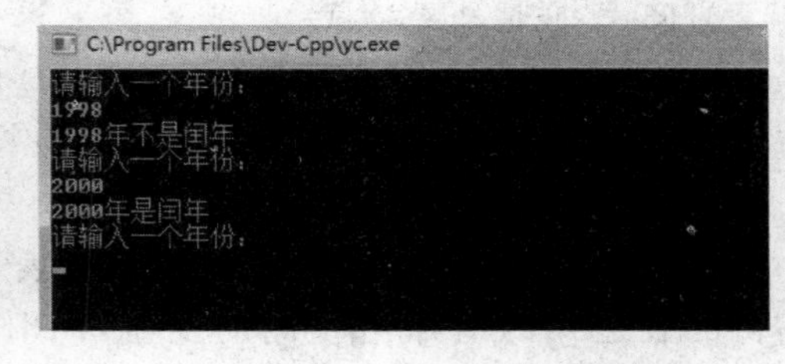

图 2-16　判断闰年运行结果界面

实现过程：

```
#include "stdio.h"
void main()
{
    int year;
```

```
    printf("请输入一个年份:\n");
    scanf("%d",&year);
    if((year%4==0)&&(year&&100!=0)||(year%400==0))
      printf("%d年是闰年\n",year);
    else
      printf("%d年不是闰年\n",year);
}
```

知识要点:

数据运算是指数据按照不同的运算符执行相应的操作。除了我们熟悉的算术运算符、关系运算符外,还有一些不熟悉的,如逻辑运算符、赋值运算符、逗号运算符等。

1. 算术运算

1) 算术运算符

C语言的基本算术运算符包括:+、-、*、/、%(模运算符,或称求余运算符。如10%3,结果为1。

2) 算术表达式

定义:用算术运算符和括弧将运算对象(也称操作数)连接起来的、符合C语法规则的式子,称为算术表达式。运算对象可以是常量、变量、函数等。例如:x*y/z+'a'-2.3。

说明:

(1) 算术表达式中的乘号(*)不可省略。如数学式 b^2-4ac,对应的C表达式须写成:b*b-4*a*c。

(2) C语言算术表达式只使用圆括号改变运算的优先顺序。

优先级:先括弧,后乘除,再加减。

结合性:自左至右。

2. 赋值运算

1) 赋值运算符

(1) 简单赋值运算符

赋值符号"="就是赋值运算符。

一般形式:变量=表达式

赋值运算符左边必须是变量,右边可以是常量、变量、函数或常量、变量、函数调用组成的表达式。如:x=10;y=x+100;y=add();

(2) 赋值表达式

由赋值运算符组成的表达式称为赋值表达式。赋值表达式的求解过程:将赋值运算符右侧的表达式的值赋给左侧的变量,同时整个赋值表达式的值就是刚才所赋的值。如:x=z+y;就是将z+y的值赋给变量x。

2) 复合赋值运算符

在"="之前加上其他二目运算符可构成复合赋值运算符。比如:+=、-=、*=、/=、%=、<<=、>>=、&=、|=、^=等。

```
例如:a+=b 相当于 a=a+b
     a*=b+c 相当于 a=a*(b+c)
     a=2;a+=a*=a
```

3. 关系运算

1）关系运算符

所谓关系运算符实际上就是比较运算符，即将两个数据进行比较，判定两个数据是否符合给定的关系。经过计算后，其结果可以为 True（真）或 False（假）。

C 语言提供 6 种关系运算符：＜（小于）、＜＝（小于或等于）、＞（大于）、＞＝（大于或等于）、＝＝（等于）、！＝（不等于）。

优先级：(1)在关系运算符中，前四个优先级相同（＜、＜＝、＞、＞＝），后两个相同（＝＝、！＝），且前四个高于后两个。

(2) 关系运算符的优先级，低于算术运算符，高于赋值运算符。

2）关系表达式

由关系运算符连接的表达式称为关系表达式。关系表达式中的运算对象可以是算术表达式、逻辑表达式、赋值表达式等。

例如：a＋b＞c＋d，x＞y！＝z，！a＞b，'c'＞'d'，(x＝5)＜(y＝3)

关系表达式的值：若关系表达式所表达的关系成立，则其值为“真”，否则为“假”。C 语言中没有逻辑型数据，以 1 代表“真”，以 0 代表“假”。

例如：设 a＝1，b＝2 且 c＝(a＞b)＋(a＜b)，则 c＝0＋1＝1。

4. 逻辑运算

在数学中，我们曾经学过三角形的一个基本性质：在一个三角形中，任意两条边的和大于第三边。在 C 语言中如何来描述它们的关系呢？

C 语言中通过逻辑表达式：a＋b＞c&&b＋c＞a&&c＋a＞b 描述三角形中两边之和大于第三边。其中，“&&”是一个逻辑运算符，读作“与”。含义是，只有“&&”两边的关系表达式同时成立，“与”的结果才是真。

1）逻辑运算符

C 语言中有三种逻辑运算符，分别是：

&& 逻辑与

||逻辑或

！逻辑非

运算规则：由高到低分别为：！（逻辑非）→算术运算符→关系运算符→&&（逻辑与）→||（逻辑或）→赋值运算符。

2）逻辑表达式

用逻辑运算符将若干个表达式连接起来的式子，称逻辑表达式。逻辑表达式的值是一个逻辑值“真”或“假”。在判断逻辑运算符两边的表达式时，若表达式的值为非零，则被作为“真”，零则视为“假”。

3）应用逻辑表达式注意事项

逻辑运算中的“短路”现象：

0&&x＝0(0 与任何数相与都是 0，x 表示任何数)

1||x＝1(1 与任何数相或都是 1，x 表示任何数)

例如：当a＝1，b＝2，c＝5，d＝4，m＝n＝1时，表达式（m＝a＞b）＆＆（n＝c＜d）的值为0。此时，m＝0，n＝1。

5. 自增自减运算

自增（＋＋）自减（－－）运算符的作用是使变量的值自动加1或减1。属于单目运算符。

i＋＋或＋＋i其作用相当于i=i+1；

i－－或－－i；其作用相当于i=i－1。

但＋＋i和i＋＋（－－i和i－－）的作用是不同的。

＋＋i，－－i；是在使用i之前，先使i的值加（减）1；

i＋＋，i－－；是先使用i得值，然后再让i的值加（减）1。

例如：

```
  int a = 5,b;
  b = ++a;
printf("a = %d,b = %d",a,b);
```

程序运行结果：a = 5,b = 6

又比如：如下程序是将条件语句和自增自减结合。

```
#include <stdio.h>
main()
{
    int i = 3,j = 5,k;
    k = i<j? i++ :j++;
    printf("i = %d,j = %d,k = %d",i,j,k);
}
```

程序运行结果：

i = 4,j = 5,k = 3

说明(1) 条件表达式语句功能相当于一种条件语句，但不等价于后面所学的一般if语句。

(2) 表达式2，表达式3不仅可以是数值表达式，还可以是赋值表达式或函数表达式。

如：a＞b? (a = 1):(b = 1)

  a＞b? printf("%d",a):printf("%d",b)

(3) 表达式2，表达式3的类型可以不同，此时条件表达式值取两者中较高的类型。

如：x＞y? 30:6.5　　　//若x＞y，则值为30.0；如x＜y，则值为6.5

说明：(1) 自增、自减运算符只能用于变量，而不能用于常量或表达式。

(2) ＋＋，－－的结合方向是“自右向左”，例如，－i＋＋，是先算i＋＋，在加负号。

(3) 自增、自减运算符常用于循环语句中，使循环变量自动加1，也用于指针变量，使指针指向下一个地址。

1) 逗号运算符与逗号表达式

C语言提供一种特殊的运算符，逗号运算符（“，”），又称为顺序求值运算符。由逗号运算符把若干个独立的表达式连接起来构成逗号表达式，逗号表达式的一般形式为：

表达式1，表达式2，表达式3，…，表达式n

逗号表达式的求值顺序，从左至右，最后一个表达式的值就是整个逗号表达式的值。

例如：x = 2,y = x + 4,z = x * y　　　　//整个逗号表达式的值为12
　　a = 3 * 5,a * 4　　　　　　　　//a = 15,表达式值为60
　　a = 3 * 5,a * 4,a + 5　　　　　//a = 15,表达式值为20

逗号表达式的优先级最低。常用于for循环语句中。

2）条件运算符与条件表达式

C语言提供了一个简单的条件赋值语句或条件表达式，是C语言中的唯一三目运算符。

一般形式：表达式1？表达式2：表达式3

条件表达式的执行过程是：①先计算表达式1的值；②若该值不为0，则计算表达式2的值，并将表达式2的值作为整个条件表达式的值；③否则，就计算表达式3的值，并将该值作为整个条件表达式的值。

例如：(a == b)? 'Y':'N'
　　(x % 2 == 0)? 1:0

条件运算符的优先级高于赋值运算符，但低于关系运算符和逻辑运算符。

6. 举一反三

1）计算如下函数的结果。

$$y=\begin{cases}-a*(b+x) & x\geqslant 10\\ \text{数据类型}\dfrac{3}{(a^3+x^3)*b} & x\leqslant 10\end{cases}$$

其中a,b的值分别为1、5，x的值由用户决定。

2）读下面的程序，写出程序的运行结果。

```
#include <stdio.h>
main()
{
    int x,y = 7
    float z = 4;
    x = (y = y + 6,y/z);
    printf("x = %d\n",x);
}
```

任务七　数据类型间的转换

任务描述：

变量的数据类型是可以相互转换的。在C语言中由于不同数据类型之间的混合运算，会发生数据类型间的转换。通过不同数据类型间的转换，掌握C语言中的数据类型转换规则。

【实例11】　数据类型间的强制转换。

实例说明：

实例中通过实型变量、整型变量等的混合运算，结果数据类型为优先级最高类型的变量。本例中类型转换运算符( )的优先级高于/,(double) sum/count 会先将 sum 转换为 double 类型,然后再进行除法运算。如果写作(double) (sum/count),那么运行结果就是 3.000000。程序运行结果如图 2-17 所示。

实现过程:

```
#include "stdio.h"
int main()
{
    int sum = 17,count = 5;
    double m;
    m = (double)sum/count;        //强制将整型变量转换为双精度型变量
    printf("value of m: %f\n",m);
    return 0;
}
```

【实例 12】 数据类型的自动转换。

实例说明:

本程序中 PI 为 float 型数据,s1,r 为整型数据,s2 为双精度型数据,在执行 s1=PI * r * r 语句时,s1 变为 float 型数据,但在输出时由于格式控制符为%d,所以输出结果为整型数据,舍去了小数部分,而不是四舍五入;s2 为 double 型数据,在执行语句 s2=PI * r * r 时,将 PI,r 都自动转换为 double 型数据。程序运行结果如图 2-18 所示。

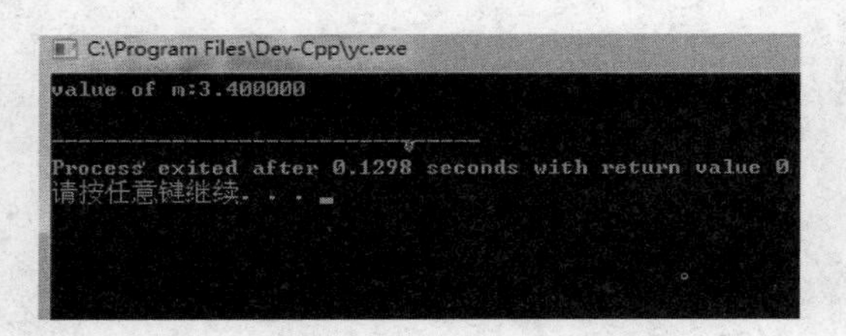

图 2-17 强制类型转换程序运行结果

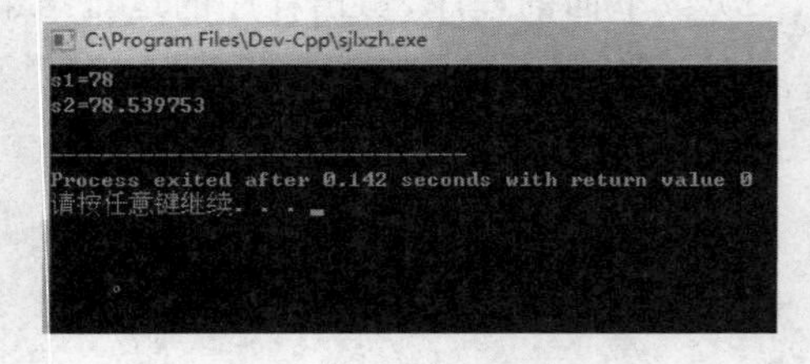

图 2-18 数据类型的强制转换

实现过程:

```
#include "stdio.h"
int main()
{
    float PI = 3.14159;
    int s1,r = 5;
    double s2;
    s1 = PI * r * r;
    s2 = PI * r * r;
    printf("s1 = %d\ns2 = %f\n",s1,s2);
    return 0;
}
```

知识要点：

1. 数据转换

数据的类型不同，它们能否在一个表达式中使用。如果要在一个表达式中使用，变量的数据类型之间就必须进行转换，转换的方法有两种：自动转换和强制转换。

1）自动转换

C 语言规定，不同类型的数据在参加运算前会自动转换成相同类型，再进行运算。也就是说，不同数据在进行混合运算时，须转换成同一类型，然后进行运算，这种转换称之为自动转换。转换的规则是按照图 2-19 所示进行转换。

说明：图中向上箭头只表示数据类型级别的高低，即在运算时，由低向高转换，即 int 直接转换成 double 参加运算，并不是先将 int 先转换成 unsigned 再转换成 long 最后转换成 double。

如果运算的数据有 float 型或 double 型，自动转换成 double 型再运算，结果为 double 型。如果运算的数据中无 float 型或 double 型，但是有 long 型，数据自动转换成 long 型再运算，结果为 long 型。其余情况为 int 型。

2）强制转换

在 C 语言中也可以使用强制类型转换符，强迫表达式的值转换为某一特定类型。

强制类型转换形式为：

(类型说明符)表达式

其功能是把表达式的结果强制转换成类型说明符所表示的类型。

强制类型转换最主要的用途一是满足一些运算对类型的特殊要求，比如求余运算符“%”，要求运算符两侧的数据类型为整型，如(int)5.3%2。二是防止丢失整数除法中的小数部分。

无论是强制转换或是自动转换，都只是为了本次运算的需要而对变量的数据长度进行的临时性转换，而不改变数据说明时对该变量定义的类型。请看下面的例子：

```
#include<stdio.h>
int main()
{
    float f = 5.75;
    printf("(int)f = %d, f = %f\n",(int)f, f);
    return 0;
}
```

运行结果如图 2-20 所示。

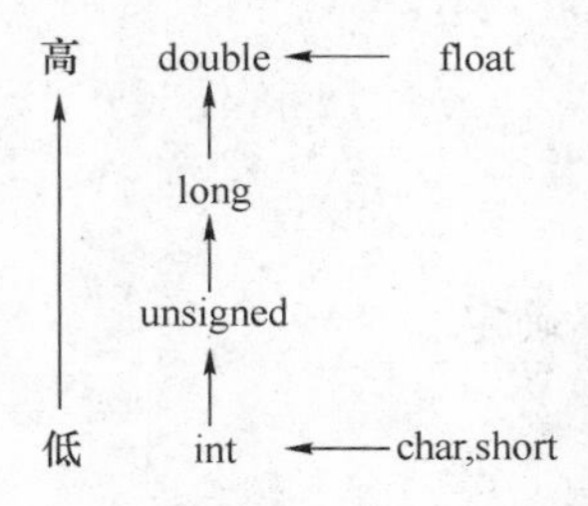

图 2-19　类型转换规则

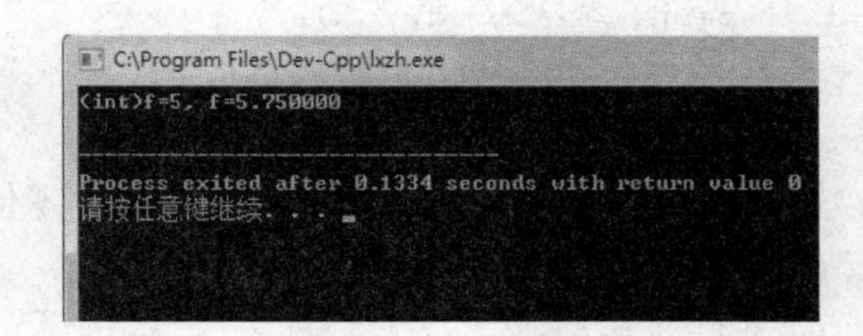

图 2-20　数据类型转换不影响变量定义类型

2. 举一反三

(1) 在全国人口普查时,需要统计各个年龄段的人数,请你用C语言描述:

学龄前儿童,年龄小于6周岁;青少年,年龄在6周岁和18周岁之间(含6周岁);老年人,年龄大于60周岁。

(2) 编写程序分解三位整数的各位数字。通过键盘输入一个3位整数,求该数的个位、十位和百位数字,并在屏幕上输出这些数字。

单元总结:

本章是C语言编程的基础,主要介绍了标识符、常量、变量等基本概念和基本的数据类型,各数据类型的定义、使用,相互间的转换,以及常用的几个运算符及其表达式。通过本单元的学习,可以掌握C语言中数据类型及其运算符的相关知识。熟练掌握本单元的内容,为后面的学习打下坚实基础。

单元考核:

1. 选择题

(1) 在C语言中,要求参加运算的数必须是整数的运算符是(　　)。

A. /　　　B. *　　　C. %　　　D. =

(2) 若有以下变量定义,则结果为整型的表达式是(　　)。

```
int i; char c;float f;
```

A. i+f　　　B. i*c　　　C. c+f　　　D. i+c+f

(3) 下面(　　)表达式的值为4。

A. 11/3　　　B. 11.0/3

C. (float)11/3　　　D. (int)(11.0/3+0.5)

(4) 若ch为char型变量,a为int型变量,已知字符a的ASCII码值为97,则执行以下语句后的输出结果是(　　)。

```
void main()
    {
        char ch;
        int k;
        ch = 'a';
        k = 12;
        printf(" %x, %o",ch,ch);
        printf("k = % %d\n",k);
    }
```

A. 61,141,12,k=%d

B. 输出项与格式描述符个数不符,输出为零值或值不确定

C. 61,141,k=%d

D. 61,141,k=%12

(5) 若k,g均为int型变量,则以下程序的输出结果为(　　)。

```
void main()
```

```
{
    int  k,g;
    k = 017;
    g = 111;
    printf(" % d",k);
    rintf(" % x\n",g);
}
```

A. 156f　　B. f6f　　C. f111　　D. 15111

(6) 程序如下,若在程序运行时,输入数据"18,18",那么b的值为(　　)。

```
void main()
{
    int  a,b;
    scanf(" % d, % o",&a,&b);
    b+ =a;
    printf(" % d",b);
}
```

A. 36　　B. 19

C. 18　　D. 输入错误,b的值不确定

(7) 下列数据中属于字符串常量的是(　　)。

A. 'a'　　B. "abc"　　C. a+b　　D. abc

(8) 设以下变量均为int型,则值不等于7的表达式为(　　)。

A. (x=y=6,x+y,x+1)　　B. (x=y=6,x+y,y+1)

C. (x=6,x+1,y=6,x+y)　　D. (y=6,y+1,x=y,x+1)

(9) 若有以下定义和语句:

```
int u = 010, v = 0x10, w = 10;
printf(" % d, % d, % d\n",u,v,w);
```

则输出结果是(　　)。

A. 8,16,10　　B. 10,10,10

C. 8,8,10　　D. 8,10,10

(10) 设有语句"int a=3;",则执行语句"a+=a-=a*a"以后,变量a的值是(　　)。

A. 3　　B. 0　　C. 9　　D. −12

(11) 若有以下定义和语句:

```
int y = 10;
y+ = y+ = y- y;
```

则y的值是(　　)。

A. 10　　B. 20　　C. 30　　D. 40

(12) 设整型变量a,b,c,d,m,n的值均为1,执行"(m=a>b)&&(n=c<d)"后,m,n的值为(　　)。

A. 0,0　　B. 0,1　　C. 1,0　　D. 1,1

(13) 设x为整型变量,下面能正确表达数学关系:1<x<5的C语言表达式是(　　)。

A. 1<x<5　　B. 1<x&&x<5

C. x>1 && x<5　　D. !(x<=1)&&!(x>5)

(14) 设 ch 是 char 型变量，其值为'A'，则下面表达式的值为(　　)。

```
ch = (ch>'A'&&ch< = 'Z')? (ch + 32):ch
```

A. A　　B. a　　C. Z　　D. z

(15) 以下程序输出的值为(　　)。

```
main( )
{
 int a = 3,b = 2,c;
 a = c;
 b = a;
 c = b;
  printf(" %d",a = b == c);
     }
```

A. 不能确定　　B. 0　　C. 1　　D. 3

2. 填空题

(1) 数学式子的 C 语言表达式为________。

(2) 表达式 10/3 的结果是________，表达式 10%3 的结果是________。

(3) 设 int a;float f;double i;则表达式 10+'a'+i * f 值的数据类型是________。

(4) 在 C 语言中是用________表示逻辑真;用________表示逻辑假。

(5) 12345E−3 代表的十进制数是________。

(6) 若 a 为 int 型变量，则表达式(a=4 * 5,a * 2),a+6 的值为________。

(7) 假设所有变量均为整型，则表达式(a＝2，b＝5，a＋＋，b＋＋，a＋b)的值为________。

(8) 能表述“20<x<30 或 x<−10”的 C 语言表达式是:________。

(9) 已知,int a=12,n=5;求列表达式的值:

```
a+ = a   a- = 2   a* = 2+8   a/ = a+a   a% = (n% = 2)   a+ = a- = a* = a
```

(10) 写出一下程序运行的结果。

```
#include  <stdio.h>
main()
{
    int i,j,m,n;
    i = 8;
    j = 10;
    m = ++i;
    n = j++;
    printf(" %d, %d, %d, %d",i,j,m,n);
}
```

3. 编程题

(1) 假设 m 是一个三位数，则写出将 m 的个位，十位，百位反序而成的三位数(例如:123 反序为 321)的 C 语言表达式。

(2) 已知 int x=10,y=12;写出将 x 和 y 的值互相交换的表达式。

(3) 已知梯形的上底为 a，下底为 b，高为 h，编写程序实现求梯形的面积。

单元 3　顺序结构程序设计

前面单元介绍了程序中用到的一些基本要素如常量、变量、运算符、表达式等，它们是构成程序的基本成分。本单元将主要介绍结构化程序中几种常用的 C 语言语句以及怎样利用它们编写简单的顺序结构的程序。顺序结构的程序在前面单元已多次出现，它由一组顺序执行的程序块组成。程序块是由若干顺序执行的语句所构成的，这些语句可以是赋值语句、输入/输出语句等。

学习任务：

✧ 学会编写带有输入/输出数据的顺序结构程序。

学习目标：

✧ 了解 C 语言程序中的基本语句。
✧ 掌握 scanf( )和 printf( )函数各种数据正确格式的输入/输出。
✧ 掌握单个字符的输入/输出函数 getchar( )和 putchar( )。
✧ 学会合理选用数据类型，编写顺序结构程序。

任务一　C 语言中的基本语句概述

任务描述：

了解 C 语言中的基本语句。

【实例 1】 物不知数问题。(这是一个简单认识 C 语言程序中基本语句的实例)

《孙子算经》中记载："今有物不知其数，三三数之剩二，五五数之剩三，七七数之剩二"问物几何？

实例说明：

物不知数问题，用通俗的话来说，就是：有一些物品，不知道有多少个，只知道将它们三个三个的数，会剩下两个；五个五个的数，会剩下三个；七个七个的数，也会剩下两个。这些物品的数量最少是多少个？运行结果如图 3-1 所示。

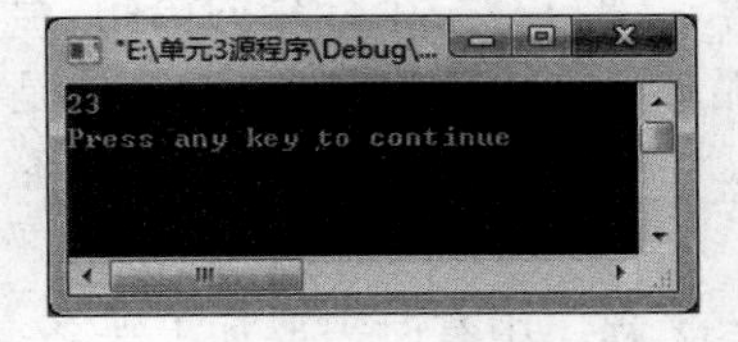

图 3-1　【实例 1】运行结果

知识要点：

通过本实例的学习，让学生明白现实中的问题通过顺序、选择(分支)、循环三种基本程序结构的不同组合，均可得到解决方案。本案例主要用C语言编写的程序解决了数学问题，并初步了解C语言程序的基本语句组成。

C语言是函数式语言，每一个函数是由数据说明部分和执行语句部分组成。C语言中的所有语句均是执行语句，没有非执行语句。根据C语言的语法，语句可分为单个语句，复合语句和空语句。根据结构化程序设计的三个模块大致可分为：用于顺序结构中的表达式语句、赋值语句、函数调用语句等；用于选择结构中的if语句、switch语句等；用于循环结构中的while语句、for语句、do-while语句。另外在后两种结构中还可出现break语句、continue语句、复合语句和空语句等作为其中的一部分，因此将C语言中的语句可以分为以下五类：

1. 控制语句

完成一定的控制功能。C语言中常用的有9种控制语句：

(1) if()～else～	选择语句
(2) switch()～	多分支选择语句
(3) for()～	循环语句
(4) while()～	循环语句
(5) do～while()	循环语句
(6) continue	结束本次循环语句
(7) break	中止执行switch或循环语句
(8) goto	转移语句
(9) return	函数返回语句

2. 函数调用语句

由一个函数调用加一个分号构成一个语句，例如：

```
printf("this is a program.");
```

3. 表达式语句

由一个表达式构成一个语句，比较常见的是，由赋值表达式构成一个赋值语句。a＝6是一个赋值表达式，而a＝6;是一个赋值语句。

4. 空语句

下面是一个空语句：

```
    ;
```

即只有一个分号的语句，程序执行空语句时不产生任何动作。有时用来做被转向点，或循环语句中的循环体(循环体是空语句，表示循环体什么也不做)。例如：

```
for(i = 1;i<100;i++)
  {  ;  }
```

程序中有时需要加上一条空语句来表示存在一条语句，但是随意加上分号会造成逻辑上的错误，因此用户应该慎用或去掉程序中不必要的空语句。

5. 复合语句

可以用{}把一些语句括起来成为复合语句,又称分程序。如下面是一个复合语句。

```
{s = a + b;
  d = s/2;
  printf(" % f",d);}
```

复合语句在语法上相当于一个简单语句,在程序中可作为一个独立的语句来看待,用复合语句代替多个简单语句是C语言的特征之一。

注意:

(1) 复合语句中的每个说明语句和执行语句都必须带分号,而在花括号的后面不用加分号。

(2) C语言允许一行写几个语句,也允许一个语句拆开写在几行上,书写格式无固定要求。

(3) 另外,C语言中还有一类特殊的语句,称为注释语句。

格式为:　　/ * 注释文本 * /

注释语句虽然不对程序的运行产生任何影响,但必要的注释是程序的重要组成部分。注释有功能性注释和说明性注释。功能性注释用以注释程序、函数及语句块的功能,说明性注释用以注释变量的作用。

实现过程:

```
#include<stdio.h>
void main()
{   int x = 0;                                  /* 定义变量为基本整型 */

    while(1)                                    /* 循环结构开始 */
    { if(x % 3 == 2&&x % 5 == 3&&x % 7 == 2)    /* 选择结构开始 */
    { printf(" % d\n",x);
    break;}                                     /* 选择结构结束 */
    x++;}                                       /* 循环结构结束 */
}
```

举一反三:

鸡兔同笼问题。《孙子算经》中记载:“今有雉兔同笼,上有三十五头,下有九十四足,问雉兔各几何?

任务二　数据的输出

任务描述:

学习并掌握printf函数各种数据正确格式的输出。

【实例2】 整型数据的表示方式和整型数据的输出。

实例说明：本例中12、012、0x28分别是十进制、八进制、十六进制常量；将它们赋值给a、b、c三个变量，然后将这三个变量按十进制、八进制、十六进制输出。运行结果如图3-2所示。

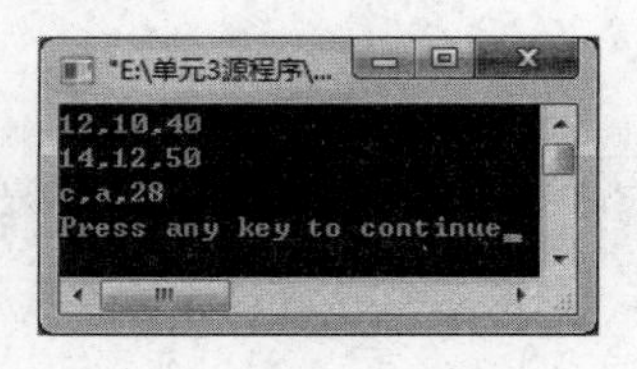

图3-2 【实例2】运行结果

知识要点：

数据的输入与输出是程序的基本功能，C语言本身不提供输入/输出语句，输入和输出操作是通过调用C语言编译系统提供的标准库函数来实现。在使用C语言库函数时，要用预编译命令“#include”将有关的“头文件”包括到用户源文件中。在调用标准输入/输出库函数时，文件开头应有以下预编译命令：#include <stdio.h>或#include"stdio.h"。

1. printf 函数

在前面各章节中已用到printf函数，它的作用是向终端(或系统隐含指定的输出设备)输出若干个任意类型的数据。

printf函数的一般格式为：

```
printf("格式控制",输出表列);
```

如：printf("%d,%c\n",a,b)；括弧内包括两部分：

(1)“格式控制”是用双引号括起来的字符串，也称“转换控制字符串”，它包括两种信息：

① 格式说明，由“%”和格式字符组成，如%d,%f等。它的作用是将输出的数据转换为指定的格式输出。格式说明总是由“%”字符开始的，即%是格式说明的起始符号。

② 普通字符，即需要原样输出的字符。例如上面printf函数中双引号内的逗号、空格和换行符。

(2)“输出表列”是需要输出的一些数据，可以是表达式。

常用的格式说明符功能如表3-1所示。

表3-1 printf函数格式说明符

格式说明符	说　明
%d	以带符号的十进制形式输出整数
%o	以八进制无符号形式输出整数(不输出前导符0)
%x,%X	以十六进制无符号形式输出整数(用X时，则以大写字母输出A～F)
%u	以无符号十进制形式输出整数
%c	以字符形式输出，只输出一个字符
%s	输出字符串
%f	以小数形式输出单、双精度数，隐含输出6位小数
%e,%E	以标准指数形式输出单、双精度数(用E时，指数以E表示，如1.6E+03)

此外，在“%”和格式字符之间还可以插入表3-2所示的格式修饰符。

表 3-2 printf 函数格式修饰符

字母 l 或 h	l 对整型指 long 型，对实型指 double 型。h 用于将整型的格式字符修正为 short 型
数字	指对应的输出项在输出设备上所占的宽度
.数字	对于实数用于说明输出的小数位数，默认为 6 位。对字符串，表示截取的字符个数
-	输出默认右对齐，有"- "表示左对齐输出
+	正数输出时带正号
#	输出八进制数时前面加 0，输出十六进制数时前面加 0x

（3）在使用 printf 函数时需要注意的问题

① 除了 x，e 外，其他格式字符必须用小写字母，如%d 不能写成%D。

② 可以在 printf 函数中的"格式控制"字符串内包含转义字符，如"\n"、"\t"、"\b"、"\r"、"\f"、"\067"等。

③ 上面介绍的 d、o、x、u、c、s、f、e 等字符，如用在"%"后面就作为格式符号。一个格式说明以"%"开头，以上述格式字符之一为结束，中间可以插入附加格式字符（也称修饰符）。例如：printf("sum=%d",1+2+3+4+5)；

④ 格式说明为"%d"，对应输出其后的表达式，其他的字符为原样输出的普通字符。如果想输出字符"%"，则应该在"格式控制"字符串中用连续两个%表示，如：

```
printf("%f%%",1.0/3);
```

输出：0.333333%

实现过程：

```
#include <stdio.h>
void main()
{int a,b,c;
a = 12;b = 012;c = 0x28;
printf("%d,%d,%d\n",a,b,c);                /*按十进制整数输出*/
printf("%o,%o,%o\n",a,b,c);                /*按八进制整数输出*/
printf("%x,%x,%x\n",a,b,c);                /*按十六进制整数输出*/
}
```

举一反三：

（1）单精度浮点型数据表示方式和浮点型数据的输出。

（2）双精度浮点型数据表示方式和双精度浮点型数据的输出。

（3）字符串数据表示方式和字符串数据的输出。

【实例 3】 字符数据的输出。

实例说明：

一个整数，只要它的值在 ASCII 码值所表示的范围内，也可以用字符形式输出，在输出前，系统会将该整数作为 ASCII 码值转换成相应的字符；反之，一个字符数据也可以用整数形式输出。运行结果如图 3-3 所示。

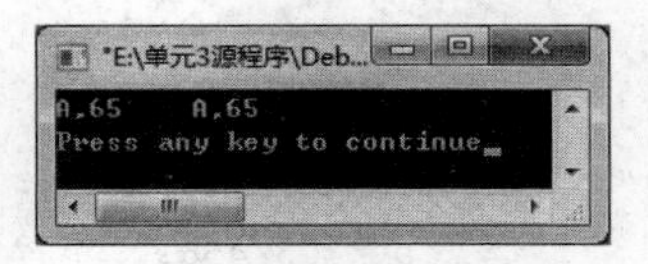

图 3-3 【实例 3】运行结果

知识要点：

字符数据的输出，%c 格式控制符的使用。字符型数据在内存中所占的位数是固定的，只占一个字节(8bit)，将一个字符常量放在一个字符变量中，实际上并不是将字符的点阵信息或矢量信息放在内存中，而是将该字符的 ASCII 码值信息放在相应的内存中。每一个字符对应一个固定编码，最常用的就是 ASCII 码。例如：字符"a"的 ASCII 值码为 97，字符"A"的 ASCII 码值为 65，如果将其分别将字符'a'与'b'存放在字符变量 c1 和 c2 中，十进制存储形式如图 3-4(a)所示，实际上是以二进制的形式存储的，如图 3-4(b)所示。

实现过程：

```
#include <stdio.h>
void main()
   { char  c = 'A';
     int b = 65;
     printf(" %c, %d",c,c);
     printf(" %c, %d\n",b,b);  }
```

本例中：也可以指定输出字数宽度，如果有

```
printf(" %3c",c);
```

则输出："A"，即 c 变量输出占 3 列，前 2 列补空格。

举一反三：

(1) 字符型数据在内存中是一个 ASCII 码值，已知字符 A 怎样输出字符 B。

(2) 定义两个字符变量 Upper 和 Lower 分别代表大写和小写字母，从键盘上分别输入一个大写和小写字母存储到这两个变量中，然后将它们输出到屏幕上。

(3) 将大写字母转换为小写字母，将小写字母转换为大写字母。

【实例 4】 数据输出时指定数据宽度。

实例说明：

单精度实数的有效位数一般为 7 位。双精度数可用%lf 格式输出，它的有效位数一般为 16 位。运行结果如图 3-5 所示。

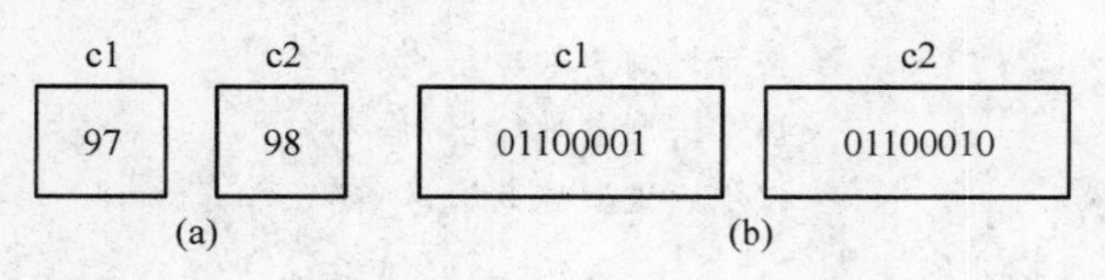

图 3-4

图 3-5 【实例 4】运行结果

知识要点：

格式说明符%f，%m.nf，%－m.nf 应用说明。

实现过程：

```
#include "stdio.h"
   main()
   {
   float a;
     a = 123.456;
   printf(" %f, %10f, %10.2f, %.2f, % - 10.2f\n",a,a,a,a,a);
   }
```

f的值应为123.456，但输出为123.456001，这是由于实数在内存中的存储误差引起的。

举一反三：

（1）整型数据格式说明符%md，%ld应用说明，写出下列程序运行结果。

```
#include <stdio.h>
void main()
{ int a,b,c,d;
a = 123; b = 12345; c = 12;d = 56788;
printf(" %4d, %4d, %-4d, %ld\n",a,b,c,d);}
```

任务三 数据输入

任务描述：

学习并掌握scanf函数各种数据正确格式的输入。

【实例5】 使用scanf函数输入数据。

实例说明：

&a、&b、&c中的"&"是"地址运算符"，&a指a在内存中的地址。上面scanf函数的作用是：按照a、b、c在内存的地址将a、b、c的值存进去。变量a、b、c的地址是在编译链接阶段分配的。

知识要点：

1. scanf函数

（1）一般形式

scanf("格式控制",地址表列);

"格式控制"的含义同printf函数；"地址表列"是由若干个地址组成的表列，可以是变量的地址，或字符串的首地址。使用scanf函数输入数据。

（2）格式说明

与printf函数中的格式说明相似，以%开始，以一个格式字符结束，中间可以插入附加的字符。常用的输入格式说明符功能如表3-3所示。

表3-3 scanf函数格式说明符

格式说明符	说 明
%d	输入带符号的十进制整数
%o	输入无符号的八进制整数
%x	输入无符号的十六进制整数
%c	用来输入单个字符
%s	用来输入字符串，将字符串送到一个字符数组中，在输入时以非空白字符开始，以第一个空白字符结束。字符串以串结束标志'\0'作为最后一个字符

续表

格式说明符	说　明
%f	用来输入实数,可以用小数形式或指数形式输入
%e	与 f 作用相同,e 与 f 可以相互替换

与 printf 函数类似,在"%"和格式字符之间还可以插入表 3-4 所示的格式修饰符。

表 3-4　scanf 函数格式修饰符

字母 l	用于输入长整型数据(可用%ld、%lo、%lx)以及 double 型数据(用%lf 或%le)
字母 h	用于输入短整型数据(可用%hd、%ho、%hx)
数字	指定输入数据所占宽度(列数)
*	赋值抑制符,表示本输入项在读入后不赋给相应的变量

实现过程:

```
#include <stdio.h>
void  main()
{int a,b,c;
scanf("%d%d%d",&a,&b,&c);
printf("%d,%d,%d\n",a,b,c);}
```

运行时按以下方式输入 a、b、c 的值:

1　2　3　(输入 a、b、c 的值)

1,2,3　　(输出 a、b、c 的值)

(3) 使用 scanf 函数应注意

① scanf 函数中的"格式控制"后面应当是变量地址,而不应是变量名。例如 a、b 为整型变量,则 scanf("%d,%d",a,b);

是不对的,应将"a,b"改为"&a,&b"。这是 c 语言与其他高级语言不同之处。许多初学者常在此出错。

② 如果在"格式控制"字符串中除了格式说明以外还有其他字符,则在输入数据时应输入与这些字符相同的字符。例如

scanf("%d,%d",&a,&b);

输入时应用如下形式:3,4。

注意 3 后面是逗号,它与 scanf 函数中的"格式控制"中的逗号对应。如果输入时不用逗号而用空格或其他字符是不对的。

如果是 scanf("%d　%d",&a,&b);

输入时两个数据间应空 2 个或更多的空格字符。如:

10　34　或 10　　34

如果是 scanf("%d:%d:%d",&h,&m,&s);输入应该用以下形式:

12:23:36

如果是 scanf("a=%d,b=%d,c=%d",&a,&b,&c);输入应为以下形式:a=12,b=24,c=36

这种形式为了使用户输入数据时添加必要的信息以帮助理解，不易发生输入数据的错误。

③ 在用"%c"格式输入字符时，空格字符和“转义字符”都作为有效字符输入：

```
scanf(" %c%c%c",&c1,&c2,&c3);
```

如输入a　b　c

字符'a'输入给c1，字符' '输入给c2，字符'b'输入给c3，因为%c只要求读入一个字符，后面不需要用空格作为两个字符的间隔，因此' '作为下一个字符输入给c2。

④ 在输入数据时，遇以下情况时该数据认为结束。

- 遇空格，或按“回车”或“跳格”(tab)键。
- 按指定的宽度结束，如“%3d”，只取3列。
- 遇非法输入。

⑤ 如果在%后有一个“ * ”附加说明符，表示跳过它指定的列。例如，scanf("%2d %*3d %2d",&a,&b)；如果输入如下信息：12 345 67

将12赋给a，%*3d表示读入3位整数但不赋给任何变量。然后再读入2位整数67赋给b。也就是第2个数据“345”被跳过。在利用现成的一批数据时，有时不需要其中某些数据，可用此法“跳过”它们。

任务四　字符数据的输入/输出

任务描述：

前面介绍了用格式输入/输出函数printf()和scanf()函数输入/输出字符型数据。现在我们再介绍C语言标准输入/输出函数库中最简单的、也是最容易理解的单个字符输入/输出函数putchar()和getchar()。

【实例6】 输出单个字符。

实例说明：

单个字符数据的输出，运行结果如图3-6所示。

知识要点：

putchar函数应用。

1. putchar函数

格式：putchar(字符变量)；或putchar('输出字符')；

功能：是向终端输出一个字符，例如putchar(c)；它输出字符变量c的值。c可以是字符型变量或整型变量。

实现过程：

```
#include <stdio.h>
void main()
{char a,b,c;
  a = 'b';b = 'o';c = 'y';
  putchar(a);putchar(b);putchar(c);putchar('\n');}
```

也可以输出控制字符，如 putchar('\n')输出一个换行符，使输出的当前位置移到下一行的开头。

【实例 7】 输入单个字符。

实例说明：

单个字符数据的输入，在程序运行时，如果从键盘输入字符'a'并按 Enter 键，就会在屏幕上看到输出的字符'a'。运行结果如图 3-7 所示。

图 3-6 【实例 6】运行结果

图 3-7 【实例 7】运行结果

知识要点：

getchar 函数应用。

1. getchar 函数

格式：getchar()；

功能：是从终端输入一个字符。getchar 函数没有参数，函数的值就是从输入设备得到的字符，例如 ch＝getchar()。

实现过程：

```
#include<stdio.h>
   void main()
   {char  c;
 c = getchar();
 putchar(c);
 putchar('\n');}
```

2. 使用 getchar 函数与 putchar 函数注意的问题

getchar()只能接收一个字符。getchar 函数得到的字符可以赋给一个字符变量或整型变量，也可以不赋给任何变量，作为表达式的一部分，例如：putchar(getchar())；上例中 getchar()的值为'a'，因此 putchar 函数输出'a'。也可以用 printf 函数输出：printf("%c",getchar())；但要注意，如果在一个函数中要调用 getchar 函数，应该在该函数的前面(或本文件开头)加上"包含命令"#include＜stdio. h＞。

任务五　顺序结构程序设计

任务描述：

学习顺序结构程序设计的步骤，学会合理选用数据类型。

【实例 8】 已知长方形长与宽，求长方形的面积和周长。

实例说明：

从键盘上输入长方形的长和宽，然后计算面积和周长。运行结果如图 3-8 所示。

知识要点：

本例是简单的顺序结构程序，把数学上求长方形的面积和周长用 C 语言描述出来。顺序结构程序特点是：一个操作执行完成后就接着执行紧随其后的下一个操作，用流程图表示如图 3-9 所示。

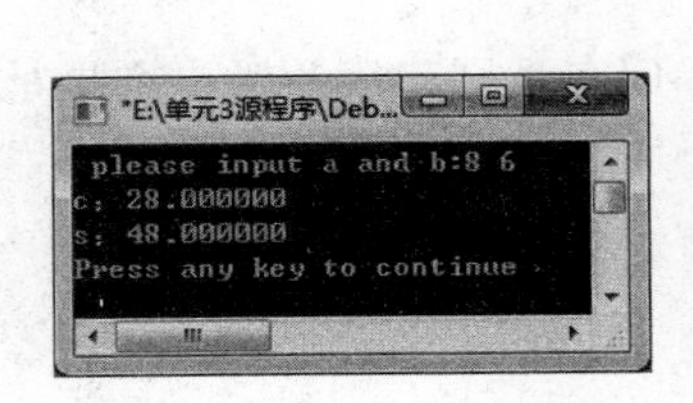

图 3-8 【实例 8】运行结果

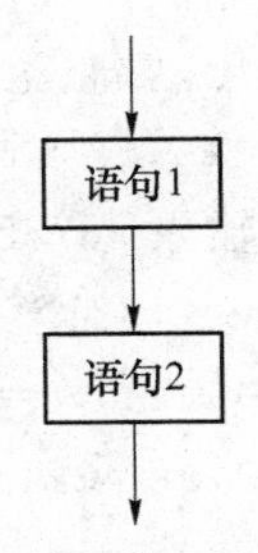

图 3-9 顺序结构流程图

实现过程：

```
#include <stdio.h>
main( )
{
    double  a,b,c,s;                        /*定义变量*/
    printf(" please input a and b:");       /*提示用户输入长和宽的值*/
    scanf("%lf %lf", &a,&b);                /*从键盘上输入长和宽的值*/
    c=a*b;                                  /*求长方形的面积*/
    s=2*(a+b);                              /*求长方形的周长*/
    printf("c: %lf\n s: %lf\n",s, c);}
```

举一反三：

(1) 从键盘上输入一个摄氏温度 c，将它转化为华氏温度 f。转化的公式为 $f=9(c+32)/5$。

(2) 已知圆的半径 $r=1.5$，求圆的周长和圆面积。

(3) 从键盘上输入两个整数，分别计算它们的和、差、积、商、求余，并将结果输出在屏幕上。

单元总结：

(1) 本章是 C 语言程序设计的基础，后面章节的学习需要本章知识点的支撑。

(2) C 程序的语句主要有表达式语句、函数调用语句、控制语句、复合语句和空语句。

(3) 一个程序，无论其复杂，还是简单，都可以由顺序、选择、循环三种基本结构组成。顺序结构是结构化程序设计中最简单的一种结构，也是其他程序结构的基础。

(4) 掌握 scanf()和 printf()函数各种数据正确格式的输入/输出及单个字符的输入/输出函数 getchar()和 putchar()。

(5) 本章学习了顺序结构程序设计的基本方法，综合运用所学知识编写一些简单的程序。

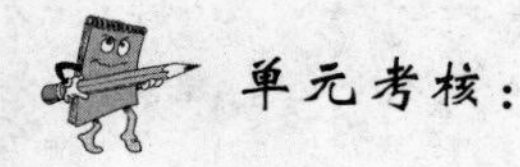
单元考核：

1. 单项选择题

(1) 阅读程序：

```
#include "stdio.h"
main()
{ int a ; float b,c;
scanf("%2d%3f%4f", &a,&b,&c);
printf("\na=%d,b=%f,c=%f",a,b,c);}
```

若运行时从键盘上输入9876543210(0表示回车)，则程序的输出结果是(　　)。

A. a=98,b=765,c=4321

B. a=98,b=765.000000,c=4321.000000

C. a=98,b=765.0,c=4321.0

D. a=98.0,b=765.0,c=4321.0

(2) 已知字母A的ASCII码值为十进制的65，下面程序的输出结果是(　　)。

```
#include "stdio.h"
main()
{char ch1 , ch2;
ch1 = 'A' + '5' - '3';
ch2 = 'A' + '6' - '3';
printf("%d,%c\n",ch1,ch2); }
```

A. 67,D　　B. B,C　　C. C,D　　D. 不确定的值

(3) 设有如下定义：

```
int x = 10 , y = 3 , z ;
```

则语句：

```
printf("%d\n" , z = (x % y , x/y)) ;
```

的输出结果是(　　)。

A. 1　　B. 0　　C. 4　　D. 3

(4) 有以下程序：

```
#include<stdio.h>
main()
{ int i = 10, j = 1;
printf("%d,%d\n",i--,++j); }
```

执行后输出结果是(　　)。

A. 9,2　　B. 10,2　　C. 9,1　　D. 10,1

(5) 若有以下定义和语句：

```
char c1 = 'b',c2 = 'e';
printf("%d,%c\n",c2 - c1,c2 - 'a' + 'A');
```

则输出结果是(　　)。

A. 2,M　　B. 3,E　　C. 2,E　　D. 输出结果不确定

(6) 若 x,i,j 和 k 都是 int 型变量,则计算下面表达式后,x 的值为(　　)。

```
x = (i = 4,j = 16,k = 32);
```

A. 4　　B. 16　　C. 32　　D. 52

(7) 若 m 为 float 型变量,则执行以下语句后的输出为(　　)。

```
m = 1234.123;
printf(" % - 8.3f\n",m);
printf(" % 10.3f\n",m);
```

A. 1234.123
1234.123　　B. 1234.123
1234.123　　C. 1234.123
1234.123　　D. −1234.123
001234.123

(8) 若 x 是 int 型变量,y 是 float 型变量,所用的 scanf 调用语句格式为:

```
scanf("x = % d,y = % f",&x,&y);
```

则为了将数据 10 和 66.6 分别赋给 x 和 y,正确的输入应是(　　)。

A. x=10,y=66.6<回车>　　B. 10 66.6<回车>

C. 10<回车>66.6<回车>　　D. x=10<回车>y=66.6<回车>

(9) 已知有变量定义:int a;char c;用 scanf("%d%c",&a,&c);语句给 a 和 c 输入数据,使 30 存入 a,字符'b'存入 c,则正确的输入是(　　)。

A. 30'b'<回车>　　B. 30　b<回车>

C. 30<回车>b<回车>　　D. 30b<回车>

(10) 以下程序的输出结果是(　　)。

```
#include <stdio.h>
main()
{ char c = 'z';
  putchar(c - 25);}
```

A. a　　B. Z　　C. z−25　　D. b

2. 填空题

(1) printf 函数的"格式控制"包括两部分,它们是________和________。

(2) 对不同类型的语句有不同的格式字符。例如:________格式字符是用来输出十进制整数,________格式字符是用来输出一个字符,________格式字符是用来输出一个字符串。

(3) 有以下程序:

```
#include <stdio.h>
main( )
{   char ch1,ch2;
   ch1 = getchar();
   ch2 = ch1 - '0';
   printf(" % d\n",ch2);}
```

程序运行时输入:A<回车>,执行后输出结果是________。

(4) 如果要输出字符"&",则应该在"格式控制"字符串中用________表示。

(5) 在一个 C 语言源程序中,注释部分两侧的分界符分别为________和________。

(6) 下面程序运行后 k 的值分别是________,________,________。

```
#include "stdio.h"
main()
{ int  k=17;
printf("%d,%o,%x\n",k,k,k);}
```

(7) 下面程序的运行后 a=________,b=________。

```
#include<stdio.h>
main()
{ int  a=2,c=5;
printf("a=%d,b=%d\n",a ,c); }
```

(8) 以下程序运行后 m 的值是________。

```
#include<stdio.h>
  main()
{ char m;
  m='B'+32;
printf("%c\n",m);
    }
```

3. 程序分析题

(1) 下面程序的功能是________________________________。

```
#include "stdio.h"
main()
{
printf("西安欢迎您\n");
}
```

(2) 下面程序的运行结果是____________________________。

```
#include "stdio.h"
main()
  {
  int a=3,b=4,c;
  c=a+b;
  printf("c=%d\n",c);
  }
```

(3) 改正下列程序的错误。

```
include "stdio.h";          改为:______________________
Main( );                    改为:______________________
{
  printf("Hello/n");        改为:______________________
}
```

(4) 下列程序的功能是输出整数 m 的值,请填空。

```
#________ "stdio.h"
main()
{________ m=0123;
```

```
  printf("m 的十进制值是：________ \n",  m);
}
```

(5) 下列程序的运行结果是________________。

```
#include "stdio.h"
 main()
 {
  int x = 65,y = x + 32;
  int z = x + 1;
  printf(" %c%c%c\n",x,y,z);}
```

4. 编程题

(1) 求 $s=a+b$ 的值，其中 $a=6,b=8$。

(2) 从键盘上输入一个大写字母，要求改用小写字母输出。

(3) 请编写一个程序，能显示出以下两行文字。

I am a student.

I love China.

单元 4　选择结构程序设计

选择结构是计算机科学用来描述自然界和社会生活中分支现象的手段。其特点是：根据所给定分支条件（即选择条件）是否成立，而决定从各实际可能的不同操作分支中执行某一分支的相应操作，并且任何情况下有“无论分支多少，必择其一；纵然分支众多，仅选其一”的特性。在 C 语言中，能够实现选择结构程序设计的语句有 if 条件语句和 switch 多分支语句。

学习任务：

- ✧ 会用 if 语句及 if～else 嵌套语句编写选择结构程序。
- ✧ 会用 switch 语句实现多分支结构的程序编写。

学习目标：

- ✧ 掌握 if 条件语句的三种基本结构，能根据表达式熟练判断程序的流向。
- ✧ 掌握 if 语句嵌套的格式和方法及匹配规则。
- ✧ 掌握条件运算符的使用。
- ✧ 掌握 switch 语句的用法。

任务一　单分支 if 语句

任务描述：

学习单分支 if 语句基本结构并学会编写单分支选择结构程序。

【实例 1】 偶数判断。（这是一个入门实例）

实例说明：

输入一个整数，判断其是否为偶数。运行结果如图 4-1 所示。

知识要点：

通过本实例的练习，让学生明白在编程过程中如何运用单分支 if 语句解决问题。本单元主要讨论 if 条件语句，C 语言中的 if 条件语句主要有三种形式：单分支 if 语句形式、if～else 语句形式和 if 语句嵌套形式。

1. 基本结构

if（条件表达式）语句 1；下一条语句。

2. 功能

条件表达式值为真，执行语句 1；然后执行下一条语句。如果表达式值为假，直接执行下一条语句，单分支 if 语句流程图如图 4-2 所示。

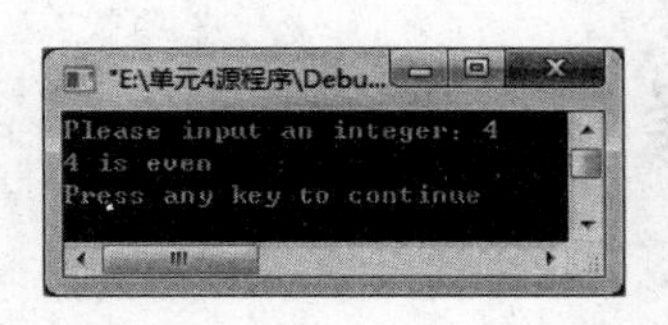

图 4-1　【实例 1】运行结果

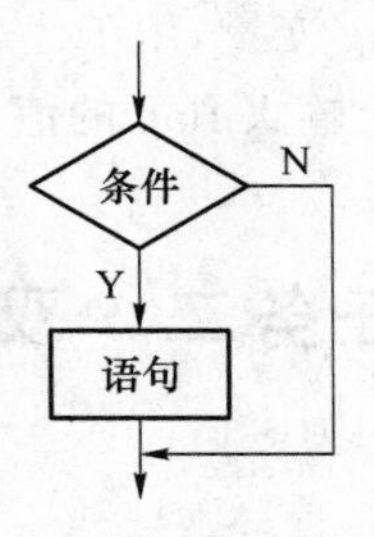

图 4-2　单分支 if 语句流程图

实现过程：

```
#include <stdio.h>
void main()
{int x;
printf("Please input an integer:");
 scanf("%d",&x);
 if(x%2==0)                    /*数值中，能被 2 整除的数是偶数*/
    printf("%d is even\n",x);
 }
```

举一反三：

（1）输入一个整数，判断其是否为奇数。

（2）定义一个 password 变量，用于代表登录密码，假设正确密码为"123456"，请编写一个程序，从键盘上输入 password 的值，若其值为"123456"，则输出"登录成功"的提示。

【实例 2】 输入任意两个整数，按降序输出。（这是一个可以提高基础技能的实例）

实例说明：

利用分支结构判读输入数的大小，在本程序中，如果 $x<y$，则将 x 和 y 的值进行交换，计算机中数值交换需要引入一个临时变量 t 作为中间变量，始终保证 x 变量的值大于 y 变量的值。运行结果如图 4-3 所示。

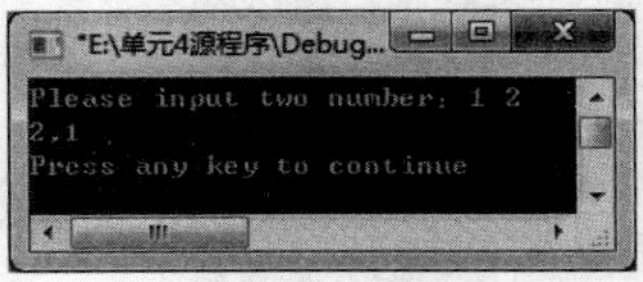

图 4-3　【实例 2】运行结果

知识要点：

单分支 if 语句。

实现过程：

```
#include <stdio.h>
void main()
{int x,y,t;
printf("Please input two number:");
```

```
scanf("%d%d",&x,&y);
if(x<y)
{t=x;x=y;y=t;}
printf("%d,%d\n",x,y);}
```

举一反三：

(1) 输入 3 个数 a、b、c，要求按由小到大的顺序输出。

(2) 定义一个 flag 变量，用于代表某天的天气情况，假设 flag 等于 0 时代表下雨。请编写一个程序，从键盘上输入 flag 的值，若其值为 0，则输出“天下大雨，请带伞”的提示。

任务二　双分支选择 if～else 语句

任务描述：

学习双分支选择 if 语句基本结构并学会编写双分支选择结构程序。

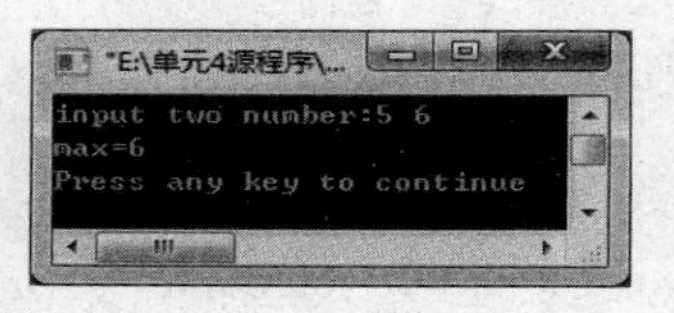

图 4-4 【实例 3】运行结果

【实例 3】 两个数大小的判定。

实例说明：

任意输入两个整数，输出其中较大的数。假设有两个整数 a 和 b，如果 a 大于 b，那么 a 就是两个数中较大的数，否则 b 就是两个数中较大的数。可以使用 if～else 语句完成两个数大小的判定，运行结果如图 4-4 所示。

知识要点：

双分支选择 if～else 语句是根据所给定的条件决定执行的操作，是“二选一”的分支结构。

1. 基本结构

```
if(条件)
{ 语句序列 1;}
else
{   语句序列 2; }
等价于：if(条件) 语句 1;
        if(! 条件)语句 2;
        下一条语句
```

2. 功能

(1) if 语句的执行过程是：首先进行表达式的运算，如果表达式的值为真，则执行语句序列 1，否则执行语句序列 2。

(2) 格式中表达式为 C 语言中任意合法的表达式，一般为逻辑表达式或关系表达式。

(3) else 及后面的语句序列可以省略。当语句序列 1 和语句序列 2 为单语句时，可以省略花括号。当有多个语句并列出现在控制语句中时，必须加花括号。

(4) else 不会单独出现，它必须和 if 配对使用。双分支选择结构流程图如图 4-5 所示。

实现过程：

```
#include "stdio.h"
void main()
{  int  a,b;
printf("input two number:");
scanf("%d%d",&a ,&b);
if(a>b)  printf("max = %d\n",a);
else  printf("max = %d\n",b);}
```

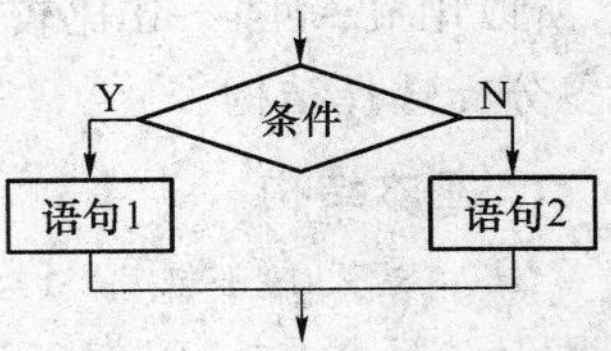

图 4-5　双分支选择结构流程图

举一反三：

（1）编写程序，从键盘输入一个年龄 age，判断若 age≥18，则输出“你已经是成人，应该规划好自己的未来”的提示，否则，输出“你还不到 18，要准备学习如何规划自己了”的提示。

（2）从键盘上输入一个 0～100 分的成绩，若成绩为 60 分及以上，则输出“及格”字样，否则输出“不及格”。

（3）从键盘输入 x 的值，求 y 的值并输出。

$$y=\begin{cases}3x^3+x^2+2x+5 & (x<0)\\ x^3-5x & (x>0)\end{cases}$$

（4）输入一个数，判断它能否被 3 或者被 5 整除，如至少能被这两个数中的一个整除则将此数打印出来，否则不打印，编程序实现其功能。

任务三　多分支选择 if～else～if 语句

任务描述：

学习多分支选择 if 语句基本结构并编写选择程序。

【实例 4】 分段函数计算（表 4-1）。

实例说明：

此函数是一个分段函数，y 的值由 x 的值决定，x 的取值范围如表 4-1 所示，运行结果如图 4-6 所示。

表 4-1　分段函数

x	y
x≥5	x2＋10
0≤x＜5	x＋8
－5≤x＜0	x－8
x＜－5	x2－10

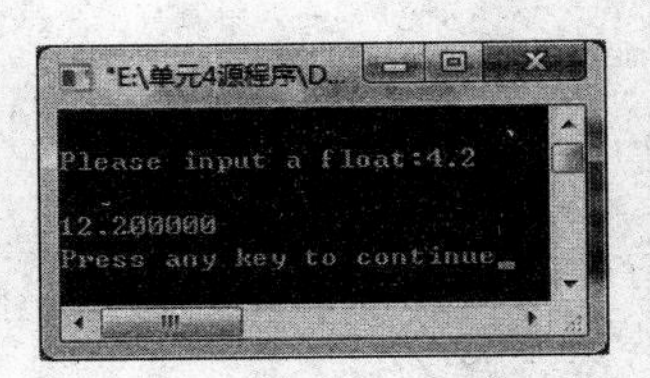

图 4-6　【实例 4】运行结果

知识要点：

这是一个分段函数，这个函数中，分支数比较多，用单个 if～else（双分支）显然不能实现，所以用 if～else～if 比较合适。if～else～if 形式是一种判断多种情况的选择语句，又称为多分支选择结构。

1. 基本结构

```
 if(表达式 1)语句 1;
else if(表达式 2)语句 2;
else if(表达式 3)语句 3;
     ⋮
else if(表达式 m) 语句 m;
     ⋮
  else  语句 n;
```

2. 功能

按表达式的顺序进行判断，最早值为真的表达式将引起相应的语句 n 的执行，并且不断判断其他条件，跳转到下一条语句执行。若表达式的值全部为假则执行相应的语句 $n+1$。流程图如图 4-7 所示。

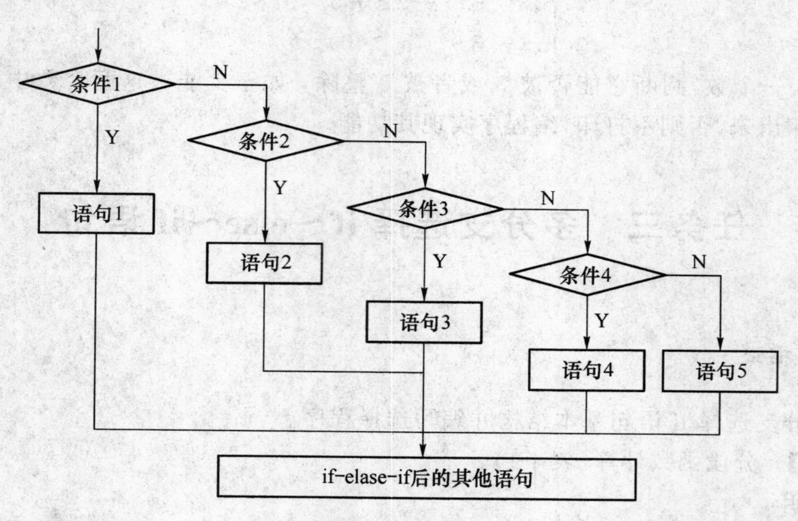

图 4-7 多分支选择结构流程图

实现过程：

```
#include "stdio.h"
void main()
{
float x,y;                                /*这里 x,y 定义为 float 型变量*/
printf("\nPlease input a float:");
scanf("%f",&x);
if(x>=5) y=x*x+10;
else if(x>=0) y=x+8;
else if(x>=-5) y=x-8;
else y=x*x-10;
printf("\n%f\n",y);
```

```
}
等价于下面程序：
#include "stdio.h"
main()
{
float x,y;
printf("\nPlease input a float:");
scanf("%f",&x);
if(x>=5)         y=x*x+10;
if(x>=0&&x<5)  y=x+8;
if(x>=-5&&x<0) y=x-8;
if(x<-5)         y=x*x-10;
printf("\n%f\n",y);}
```

举一反三：

(1) 某班进行了一次考试，教师按百分制成绩打分，现在学校要求打五级制，即90分及以上为A，80～89分为B，70～79分为C，60～69分为D，60以下为E，要求转换输出成绩等级。

注意：在输入数据时，一定要保证数据的正确性，在本题中输入数据的范围一定是0～100之间的数，否则输入的数据是不正确的，所以首先要对输入的数据进行判断，x≥0&&x≤100。

(2) 输入一个字符，根据输入的字符在屏幕上显示不同的信息。

分析：如果输入的字符是"b"，则响铃(PC喇叭响发出嘟的响声)；如果输入的字符为"a"，则屏幕上显示字符串"YES!"；如果输入其他字符，则屏幕上显示"bye!"，然后结束程序。可以使用if…else的嵌套实现上面的算法。

任务四　if语句的嵌套

任务描述：

学习if语句的嵌套基本结构并编写选择程序。

【实例5】　闰年判断。

实例说明：

判断闰年的两个条件：(1)能被400整除；(2)或能被4整除，但不能被100整除。以变量leap代表是否闰年的信息。若某年为闰年，则令leap=1；若为非闰年，令leap=0。最后判断leap是否为1(真)，若是，则输出“闰年”信息。运行结果如图4-8所示。

图4-8　【实例5】运行结果

知识要点：

在进行程序设计时，经常要用到条件分支嵌套。所谓条件分支嵌套，就是在一个分支中可以嵌套另一个分支。C语言中，单分支if语句内还可以使用if语句，这样就构成了if语句的嵌套。内嵌的 if 语句既可以嵌套在 if 子句中,也可以嵌套在 else 子句中。

基本结构如下所述。

```
 if(表达式 1)
 if(表达式 2)
 语句序列 1;
  else
语句序列 2;
else
if(表达式 3)
语句序列 3;
  else
语句序列 4;
```

可以根据实际情况使用上面格式中的一部分,并且可以进行 if 语句的多重嵌套。

实现过程:

```
#include "stdio.h"
    void main()
{int year,leap;
scanf("%d",&year);
if(year%4==0)
    {
    if(year%100==0)
    {
    if(year%400==0)
    leap=1;
    else leap=0;}
    else  leap=1;
    }
    else  leap=0;
    if(leap) printf("%d is",year);
    else  printf("%d is not",year);
    printf(" a leap year。\n");
    }
```

也可以将程序中 if 语句部分改写成以下语句:

```
if(year%4!=0)
leap=0;
else if(year%100!=0)
leap=1;
else if(year%400!=0)
leap=0;
else
leap=1;
```

也可以用一个逻辑表达式包含所有的闰年条件,将上述 if 语句用下面的 if 语句代替:

```
if((year % 4 == 0 && year % 100! = 0) || (year % 400 == 0))  leap = 1;
else  leap = 0;
```

举一反三：

(1) 输入3个整数,输出其中最大数。

(2) 读入1到7之间的某个数,输出表示一星期中相应的某一天的单词:Monday、Tuesday等等。

任务五　switch语句

任务描述：

学习switch语句基本结构并编写选择程序。

【实例6】 颜色选择。

实例说明:输入数字1、2、3、4、5、6、7,对应在屏幕上输出用字符表示的红、橙、黄、绿、蓝、白、黑七种颜色。运行结果如图4-9所示。

图4-9　【实例6】运行结果

知识要点：

if语句只提供两路选择,但在解决多路选择时非常不便,因为在分支较多的情况下,嵌套的if语句层数多,程序冗长而且可读性降低。C语言提供switch语句可直接处理多分支选择。switch分支语句,也称多路开关分支语句。

1. 基本结构

```
switch(表达式)
{
case 常量表达式1:  语句组1 ;break;
case 常量表达式2:  语句组2 ; break;
   ⋮
case  常量表达式n:  语句组n ;break;
default:  语句组n+1 ;}
```

2. 功能

switch语句的功能:首先计算表达式的值,然后找到与其相等的常量表达式的case分支去执行语句,最后退出switch语句。如没有符合的,则执行default语句后面的语句n+1。

3. switch结构需要注意以下几个方面：

(1) switch后面的表达式,可以为任何类型,但必须与case后面的常量表达式类型匹配。case后面一定跟一个常量表达式。

(2) 当表达式的值与某一个case后面的常量表达式相等时,就执行此case后面的语句,若没有匹配的常量表达式,就执行default后面的语句。

(3) 每一个常量表达式的值都是唯一的,即常量表达式不能重复出现。但是各个case

和 default(default 之后有 break 语句时)的次序是任意的。

(4) case 后面的语句结束时,会执行下一个 case 后面的语句,即多个 case 可以共用一组执行语句。因此,若要跳到 switch 语句外面,则必须借助 break 语句。尽管最后一个分支之后的 break 语句可以省略,但是,在最后一个分支之后有 break 语句是程序设计的一个良好习惯,建议保留它。

(5) default 是可选项,即当未找到匹配的 case 常量表达式时,会跳到 switch 外。也就是说,如果没有 default 部分,则当表达式的值与各 case 的判断值都不一致时,则程序不执行该结构中的任何部分。

(6) case 后面的语句块可以不要花括号。另外,如果 switch 语句中只有一个 case 常量表达式,则可以省略花括号。

(7) 在 switch 分支结构中,如果对表达式的多个取值都执行相同的语句组,则对应的多个 case 语句可以共同使用同一个语句组。

实现过程:

```
#include <stdio.h>
void main()
{ int color;
printf("Please input color:");
scanf("%d",&color);
switch(color)
{
case 1:printf("red\n");break;
case 2:printf("orange \n\n\n");break;
case 3:printf("yellow \n");break;
case 4:printf("green \n");break;
case 5:printf("blue \n");break;
case 6:printf("White \n");break;
case 7:printf("black \n");break;
default:printf("the data error! \n");
}}
```

本例题中 switch 的条件表达式 color 是一个用户输入的整数值。若 color 的值为 8,于是从 case 1 入口开始,由上至下比较各 case 后的常数值,如果找到相匹配的就执行后面的语句。然后遇到 break 语句,此时,跳出 switch 结构。当匹配都失败时,即 default 以上的各 case 条件都不匹配时,执行 default 后面的语句。

举一反三:

(1) 为某商场进行购物打折优惠活动编制计算折扣的程序。

购物 1500 元以上的九五折优惠;

购物 2000 元以上的九折优惠;

购物 2500 元以上的八五折优惠;

购物 4000 元以上的八折优惠。

运行程序时,由用户输入消费金额,输出设计应缴金额。

(2) 某企业需要发放奖金，奖金的发放要根据利润提成，其中发放原则如下：

利润低于或等于 10 万元时，奖金可提 10%；

利润在 10 万到 20 万之间，低于 10 万的部分按 10%提成，高于 10 万元的部分，可提成 7.5%；

利润在 20 万到 40 万之间时，高于 20 万元的部分，可提成 5%；

利润在 40 万到 60 万之间时，高于 40 万元的部分，可提成 3%；

利润在 60 万到 100 万之间时，高于 60 万元的部分，可提成 1.5%；

利润高于 100 万元时，超过 100 万元的部分按 1%提成。

要求用户从键盘上输入当月的利润，请设计解决问题的程序。

单元总结：

(1) if 条件语句的三种基本结构包含：if，if～else，if～else～if。

在多分支 if 语句中，else 子句总是与最近的 if 配套。通过加花括号、加注释来明确 else 与 if 的配套关系。多分支 if 语句可用多条单分支、双分支 if 语句等价实现。

(2) C 语言提供 switch 语句可直接处理多分支选择。switch 分支语句，也称多路开关分支语句。switch 语句中 default 语句可省略。如没有 break 语句，则继续执行下面的语句。case 分支中的 break 语句的作用是跳出 switch 结构，一般不要省略。switch 表达式的类型必须与常量表达式的类型一致，常量表达式中不能包含变量，default 后必须有" ："。

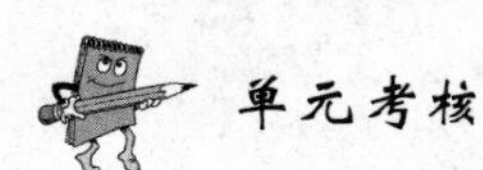

单元考核：

1. 单项选择题

(1) 设 a=5，b=6，c=7，d=8，m=2，n=2，执行"(m=a>b) && (n=c>d)"后 n 的值为(　　)。

A. 0　　　　B. 1　　　　C. 2　　　　D. 43

(2) 若 k 是 int 型变量，且有下面的程序段，其输出结果是(　　)。

```
k = -3;
if(k<0)  printf("####");
else  printf("&&&&");
```

A. ####　　　　B. &&&&

C. ####&&&&　　　　D. 有语法错误，无输出结果

(3) 设 A、B 和 C 都是 int 型变量，且 A=3，B=4，C=5，则下面表达式中值为 0 的表达式是(　　)。

A. 'A' && 'B'　　　　B. A<=B

C. A || B+C && B　　　　D. !((A<B) && !C || 1)

(4) 阅读程序：

输入 x 的值为 2.0，则 y 的值是(　　)。

```
#include "stdio.h"
main()
```

```
  { float  x , y;
  scanf(" %f" , &x);
  if(x<0.0)  y = 0.0;
  else  if((x<5.0) && (x! = 2.0))
  y = 1.0/(x + 2.0);
  else  if(x<10.0)  y = 1.0/x;
  else  y = 10.0;
printf(" %f\n" , y);}
```

A. 0.5　　B. 0.25　　C. 2.5　　D. −1

(5) 阅读下面程序：

```
#include "stdio.h"
main()
{ int x = 1, y = 0, a = 0, b = 0;
    switch(x)
    {  case 1:
       switch(y)
       {  case 0:  a++;  break;
          case 1:  b++;  break;
       }
       case 2:
       a++; b++; break; }
printf("a = %d,b = %d\n" , a , b);}
```

上面程序的输出结果是(　　)。

A. a=2,b=1　　B. a=1,b=1　　C. a=1,b=0　　D. a=2,b=2

(6) 为表示关系 x≥y≥z,应使用C语言表达式(　　)。

A. (x>=y) && (y>=z)　　B. (x>=y) AND (y>=z)

C. (x>=y>=z)　　D. (x>=y) & (y>=z)

(7) 设有语句"int x=1,y=1;",则表达式(! x || y−−)的值是(　　)。

A. 0　　B. 1　　C. 2　　D. −1;

(8) 当 a=1,b=3,c=5,d=4 时,执行下面一段程序后,x 的值为(　　)。

```
if(a>b)  x = 1 ;  else  if(c>d)  x = 2 ;  else  x = 3 ;
```

A. 1　　B. 2　　C. 3　　D. 6

(9) 设 a=1,b=2,c=3,d=4,则表达式"a<b? a : c<d? a : d"的结果为(　　)。

A. 4　　B. 3　　C. 2　　D. 1

2. 填空题

(1) 用C语言描述下列命题。

a 小于等于 b________;

a 和 b 都大于 c________;

a 或 b 中有一个小于 c________;

a 是奇数________。

(2) 设 ch 是 char 型变量,其值为 A,且有下面的表达式:

```
ch = (ch>'A'&&ch< = 'Z')? (ch + 32):ch
```

该表达式的值是________。

(3) 若已知 a=10,b=20,则表达式"! a<b"的值为________。

(4) 以下程序的运行结果是:________。

```
#include "stdio.h"
  main()
{ int a = 2,b = 3,c;
  c = a ;
  if (a>b) c = 1 ;
  else if ( a = = b ) c = 0;
  else  c = -1;
printf ( "%d\n", c );}
```

(5) 输入一个字符,如果是大写字母,则把其变成小写字母;如果是小写字母,则变成大写字母;其他字符不变。请在横线上填入默认的内容。

```
#include "stdio.h"
main()
{ char  ch;
scanf("%c",&ch);
if (________)  ch = ch + 32;
   else if(ch> = 'a'&&ch< = 'z') ________;
printf("%c\n",ch);  }
```

(6) 投票表决器设计:

-输入 Y、y,打印 agree

-输入 N、n,打印 disagree

-输入其他,打印 lose

```
#include <stdio.h>
  main()
 {char c;
  scanf("%c",&c);
  ________
  {case  'Y':
  case  'y': printf("agree");________;
  case  'N':
  case  'n': printf("disagree":);  ________;
  ______ :printf("lose");}
```

3. 程序分析题

(1) 写出下面程序运行结果________。

```
#include <stdio.h>
main()
   { int a = -1,b = 4,k;
     k = (a++ < = 0)&&(! (b-- < = 0));
     printf("%d,%d,%d\n",k,a,b);
```

```
    }
```

(2) 写出下面程序运行结果________。

```
#include <stdio.h>
 main()
   { int x=4,y=0,z;
   x*=3+2;
   printf("%d",x);
     x*=(y==(z=4));
   printf("%d",x);
     }
```

(3) 写出下面程序运行结果________。

```
#include <stdio.h>
 main()
   { int x,y,z;
     x=3; y=z=4;
     printf("%d",(x>=z>=x)? 1:0);
     printf("%d",z>=y && y>=x);
       }
```

(4) 写出下面程序运行结果________。

```
#include <stdio.h>
 main()
   { int x=1,y=1,z=10;
   if(z<0)
   if(y>0) x=3;
   else  x=5;
   printf("%d\t",x);
   if(z=y<0) x=3;
   else if(y==0) x=5;
   else x=7;
   printf("%d\t",x);
   printf("%d\t",z);
     }
```

(5) 写出下面程序运行结果________。

```
#include <stdio.h>
main()
  { char x='B';
  switch(x)
    { case 'A': printf("It is A.");
      case 'B': printf("It is B.");
      case 'C': printf("It is C.");
      default: printf("other.");
    }
  }
```

4. 编程题

(1) 输入一个字符，判断它如果是小写字母输出其对应大写字母；如果是大写字母输出其对应小写字母；如果是数字输出数字本身；如果是空格，输出"space"；如果不是上述情况，输出"other"。

(2) 输入圆的半径 r 和一个整型数 k，当 $k=1$ 时，计算圆的面积；但 $k=2$ 时，计算圆的周长，当 $k=3$ 时，既要求出圆的周长也要求出圆的面积。编程实现以上功能。

(3) 编程完成如下功能：输入一个不多于 4 位的整数，求出它是几位数，并逆序输出各位数字。

(4) 为某运输公司编制计算运费的程序。运行程序时，由用户输入运输距离 s 和运量 w，程序输出单价 p 和总金额 t。运费标准为：

当 $s<500$ km 时，没有优惠，单价为 5 元/(吨・公里)；

当 500 km$\leqslant s<1000$ km 时，单价优惠 2%；

当 1000 km$\leqslant s<2000$ km 时，单价优惠 5%；

当 2000 km$\leqslant s<3000$ km 时，单价优惠 8%；

当 $s\geqslant 3000$ km 时，单价优惠 10%。

单元 5　循环结构

在不少实际问题中有许多具有规律性的重复操作，比如当满足 60 分钟，就自动会加 1 小时、当运动员围绕跑道跑一万米的时候、反复输入多个学生成绩并计算其平均分等，这些问题都存在循环，因此在程序中就需要重复执行某些语句。一组被重复执行的语句称之为循环体，能否继续重复，决定循环的终止条件。循环语句是由循环体及循环的终止条件两部分组成的。本单元主要介绍 while 、do…while、for 等循环语句的格式、原理、以及使用的方法，同时还会介绍 break、continue 的使用，为了进一步提高对循环结构的使用，还会介绍循环嵌套的相关知识。

学习任务：

✧ 掌握循环的概念。
✧ 掌握各种循环语句的使用。
✧ 掌握 Break、Continue 的使用。
✧ 掌握循环嵌套的使用。

学习目标：

✧ 使用循环语句的功能解决现实问题。
✧ 能够使用循环的嵌套解决实际问题。

任务一　了解循环语句

任务描述：

初步了解循环语句的功能。

【实例 1】 在屏幕上输出“ * ”并使“ * ”排列出想要的形状如图 5-1 所示。

实现过程：

```
#include <stdio.h>
void main(){
    printf("\n******");
    printf("\n******");
```

```
    printf("\n******");
    printf("\n******");
}
```

【实例 2】 求 1 到 n 的和,如图 5-2 所示。

图 5-1 【实例 1】运行结果

图 5-2 【实例 2】运行结果

实现过程:

```
#include "stdio.h"
#include "stdlib.h"
int mysum(int x)
{
return (1+x)*x/2;
}
int mysum2(int x){
    int sum=0;
    for(int i=1;i<=x;i++) {
        sum=sum+i;
    }
    return sum;
}
void main(){
    int x=0;
    printf("输入 X:\n");
    scanf("%d",&x);
    printf("%d\n",mysum(x));
    printf("%d\n",mysum2(x));
    system("pause");
}
```

知识要点:

通过该实例的联系,了解编程时循环语句的使用,下面介绍循环语句的相关知识点。

在不少实际问题中有许多具有规律性的重复操作,因此在程序中就需要重复执行某些语句。一组被重复执行的语句称之为循环体,能否继续重复,决定循环的终止条件。循环结构是在一定条件下反复执行某段程序的流程结构,被反复执行的程序被称为循环体。循环语句是由循环体及循环的终止条件两部分组成的。

(1) for 为当型循环语句,它很好地体现了正确表达循环结构应注意的四个问题:

① 循环控制变量的初始化。

② 循环的条件。

③ 循环控制变量的更新。

④ 循环体语句。

for 语句格式为

```
for(表达式1;表达式2;表达式3)
{循环体语句;}
```

(2) while 结构循环为当型循环(when type loop),一般用于不知道循环次数的情况。维持循环的是一个条件表达式,条件成立执行循环体,条件不成立退出循环。

```
while语句格式为:
while(条件表达式){
    循环体;
}
```

每次执行循环体前都要对条件表达式进行判断。

(3) do…while 语句结构为直到型循环(until type loop),也用于不知道循环次数的情况。do…while 和 while 的区别在于 do…while 结构是执行完一遍循环体再判断条件。

do while 语句格式为

```
do{循环体}while(条件表达式);
```

每执行完一次循环体,do…while 结构都要判断一下条件表达式。

举一反三:

(1) 任意输入 5 个数,按输入顺序的逆序输出。

(2) 任意输入 10 个数,编程求这 10 个数中小于 0 的元素之和。

(3) 任意输入 10 个数,编程求这 10 个数中偶数的个数及偶数之和。

任务二　while 语句的使用

任务描述:

学会使用 while 语句。

【实例 3】 编写程序,求 $y=x^n$ 的值。

实例说明:

求 $y=x^n$ 次幂的值分析:使用一个循环计算出 $x^2,x^3,\dots,x^n$(n 个 x)的值,这个算法也是比较典型的,可以用一个变量 i 表示相乘的 x 的个数,初始值为 1,每一次循环增 1。用另外一个变量 p 存放“积”的累乘积(也称累乘器)其值变化为 $x^2,x^3,\dots,x^n$(n 个 x),如图 5-3 所示。

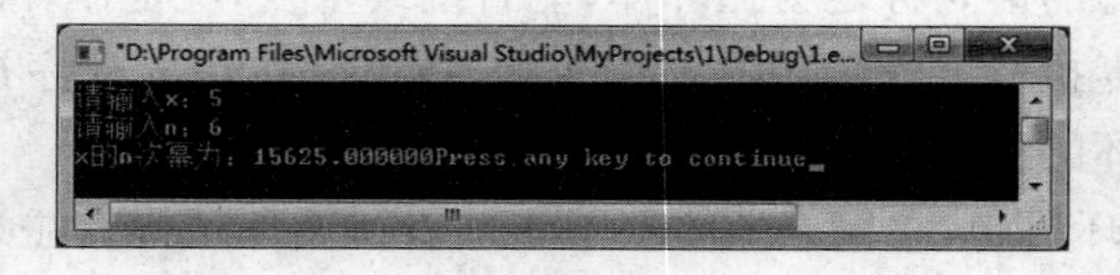

图 5-3 【实例 3】运行结果

知识要点：

当表达式为非0时，执行while语句中的循环体，然后继续进行表达式的判断，如此循环。当表达式为0时，则退出循环。其流程图和N-S图如5-4和图5-5所示。

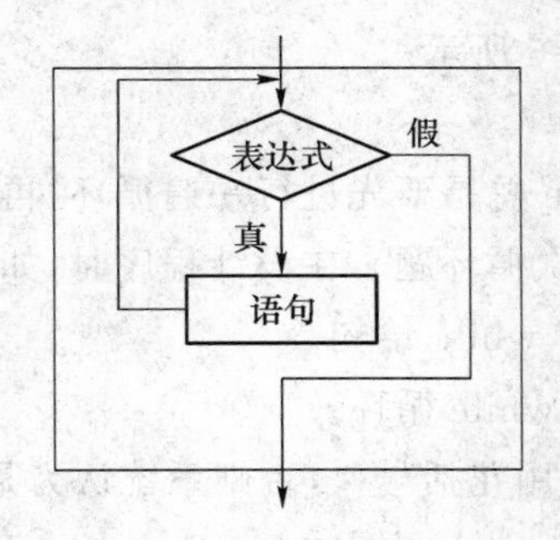

图5-4 while结构的流程图

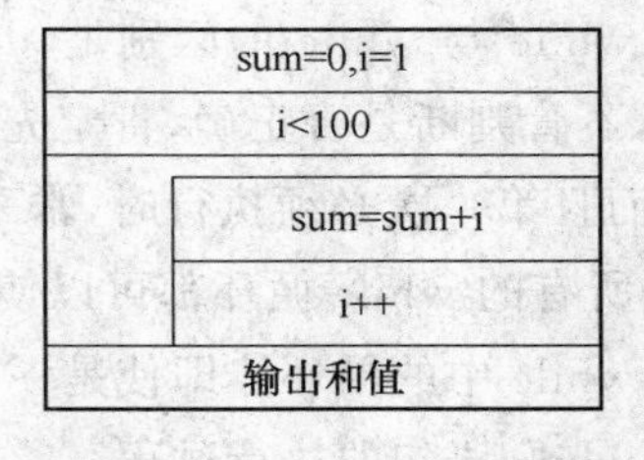

图5-5 while结构的N-S图

while循环中的表达式一般是关系表达式（如i<=100）或逻辑表达式（如a<b&&x<y），但也可以是数值表达式或字符表达式，只要其值非零，就可执行循环体。

实现过程：

```
(1) #include  "stdio.h"
void main( ){
    floatx,p;
    int i = 1,n;
    printf("请输入 x:");
    scanf(" %f",&x);
    printf("请输入 n:");
    scanf(" %d",&n);
     p = 1.0;                    /*将累乘器p初始化为1*/
while(i< = n)   {                /*实现累乘*/
  p = p * x;
  i++ ;
  }
    printf("x的n次幂为：%f",p);
}
```

举一反三：

（1）循环输入一个学生5门课的成绩，计算成绩分。

（2）输入某年某月某日，判断这一天是这一年的第几天？

（3）求一个数（10位以内）是几位数。

任务三 do…while语句的使用

任务描述：

学会使用do…while语句。

【实例 4】 求 1+2+3+…+100 的值。

实例说明:

分析:此例类似于例 1,这里使用 do…while 语句实现求和。注意在 do…While 语句中先进行循环体的执行,然后判断,运行结果如图 5-6 所示。

知识要点:

(1) do…while 与 while 的区别是:do…while 总是要先进行一遍循环,再进行表达式的判断,也就是,不管判断是否正确,肯定先执行一次循环题。在设计程序时,如果不知道重复执行的次数,而且第一次必须执行时,常采用 do…while 语句。

(2) 不是所有的 while 循环都可以使用 do…while 循环。

(3) do…while 中的循环体即使是一句,也要用花括号{},否则系统认为是 while 语句。

(4) do…while 语句的执行过程。

先执行一次指定的循环体语句,然后判断表达式。当表达式的值为非 0 时,返回重新执行循环体,如此反复直到表达式的值为 0 为止,此时循环结束。

(5) 框图(流程图)如图 5-7 所示。

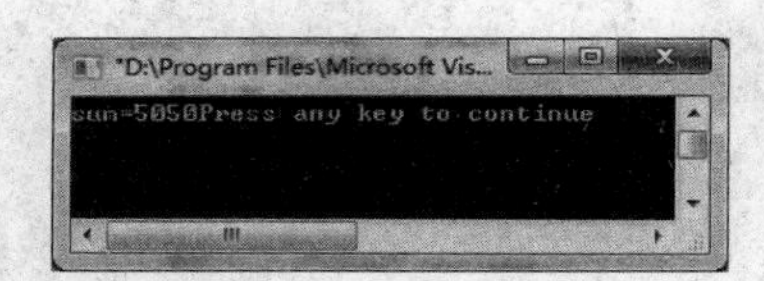

图 5-6 【实例 4】运行结果

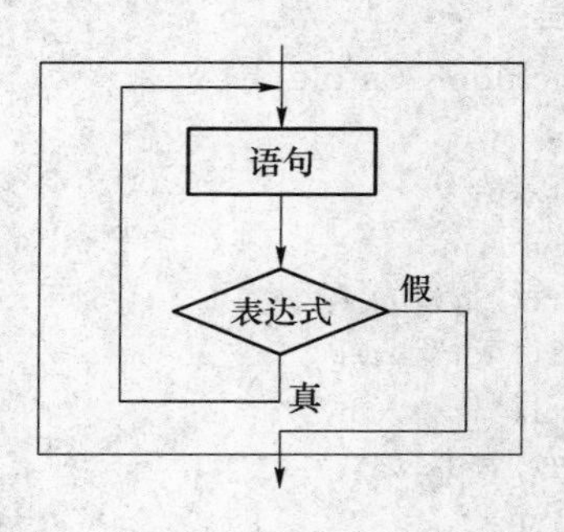

图 5-7 流程图

实现过程:

```
#include  "stdio.h"
void main( ){
    int i = 1,sum = 0;
    do  {
        sum = sum + i;
    I = i + 1;
      } while (i< = 100);
printf("sum = %d",sum);
}
```

举一反三:

(1) 有一份数序列:2/1,3/2,8/5,13/8,21/13…求出这个数列的前 20 项之和。

(2) 猜一个介于 1 与 10 之间的数。

(3) 编写程序,从键盘输入 6 名学生的 5 门成绩,分别统计出每个学生的平均成绩。

任务四　for 语句的使用

任务描述：

学习 for 语句的使用。

【实例 5】　计算 1+2+3+4+5+…+n 的和。

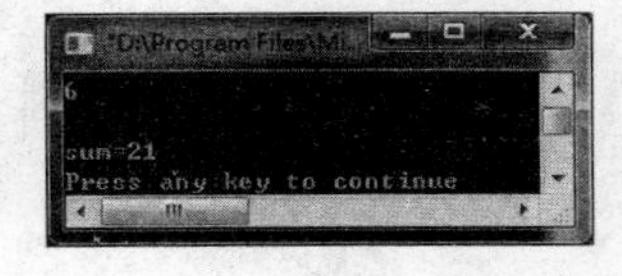

图 5-8　【实例 5】运行结果

实例说明：

1+2+3+4+5+…+n 相加，并最终结果显示。n 可以使任意正整数运行结果如图 5-8 所示。

知识要点：

(1) for 语句写起来很灵活，表达式 1、表达式 2、表达式 3 都可以省略，但是即使是三个表达式都省略，两个";"不可省。

如下三个程序段是等价的：

(1) ints=0;

```
for(i = 1;i< = 100;i + + ) {s = s + i;}
```

(2) int i=1,s=0;

```
for(;i< = 100;i + + ) {s + = i;}
```

(3) int i=1,s=0;

```
for(;i< = 100;) {s + = i;i + + }
```

但若表达式 2 省略可以构成无限循环，例如：

```
for(; ;)
    printf("china");
```

(2) 在表达式 1 和表达式 3 中可以使用逗号运算符把执行语句并列在一起，并且循环体可以为空。

例如：for(i = 0,sum = 0;i< = 100;sum = sum + i,i + +)

(3) for 语句的执行过程如下。

① 先求解表达式 1，表达式 1 只执行一次，一般是赋值语句，用于初始化变量。

② 求解表达式 2，若为假(0)，则结束循环。

③ 当表达式 2 为真(非 0)时，执行循环体。

④ 执行表达式 3。

⑤ 转回 2。

实现过程：

```
#include  "stdio.h"
void main(){
 inti,sum = 0,n;
scanf(" % d",&n);
for(i = 1;i< = n;i + + ){
  sum = sum + i;
```

```
    }
  printf("\nsum = %d\n",sum);
    }
```

举一反三：

(1) 有 64 个方格的棋盘，第一格放一粒米，第二格放两粒米，第三格放四粒米，……直到所有格子都有米。求一共放了多少粒米。

(2) 输入 N 个自然数，输出最大数，最小数及平均数。

(3) 键盘输入 10 个正整数，输出从小到大排列，同时输出 10 个数原来的位置。

任务五　多重循环

任务描述：

学习多重循环的使用与循环之中的嵌套。

【实例 6】 编写程序在一行内输出整数 1 到 10，并连续输出 5 行。

实例说明：

本例中，由 i 循环变量控制的执行 5 次循环体的循环的循环是外层循环，用来控制输出行，由 j 循环变量控制的执行 20 次循环体是内层循环，用来控制每行输出多少列。在执行过程中，它们的变化规律是对外层的每个 i，内层的 j 就要经历一遍完整的变化。外层循环与内层循环变量名不能相同。如果相同，会引起混乱。运行结果如图 5-9 所示。

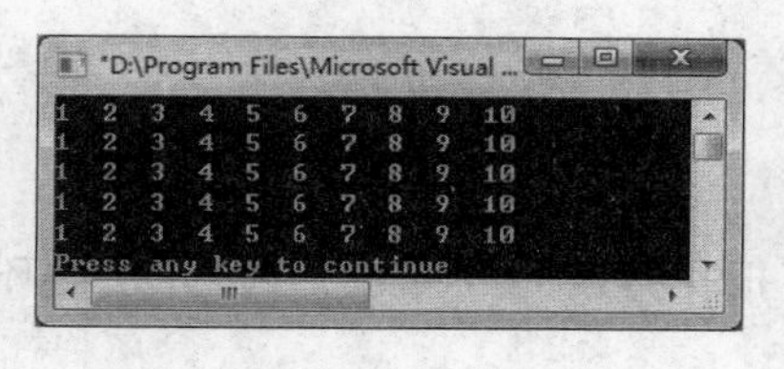

图 5-9　【实例 6】运行结果

知识要点：

一个循环体内包含另一个完整的循环结构，称为循环的嵌套。循环之中还可以套循环，称为多重循环。3 种循环(while 循环、do…while 循环和 for 循环)可以互相嵌套。

注意：每输完一行要换行，换行符"\n"是加在外层循环中，与内层循环并列。

实现过程：

```
    #include <stdio.h>
    void main(){
        inti,j;
for(i = 1;i< = 5;i++){
            for(j = 1;j< = 10;j++)
                printf("%d  ",j);
            printf("\n");
        }
    }
```

举一反三：

(1) 任意输入 10 个数，分别计算输出其中的正数和负数之和。

(2) 计算 1～100 以内的所有含 6 的数的和。

（3）输出所有的 3 位水仙花数。所谓水仙花数是指所有位的数字的立方之和等于该数，例如：153＝13＋33＋53。

任务六　break 语句和 continue 语句的使用

任务描述：

学习 break 语句和 continue 语句在循环结构中的用法。

【实例 7】　已知 sum＝1＋2＋3＋…＋i＋…，求 sum 大于 20 时，i 的最小值。

实例说明：

此题可以使用表达式 sum＜20 来结束循环，也可以将循环结束的判断放在循环体中，这里使用 break 语句。运行结果如图 5-10 所示。

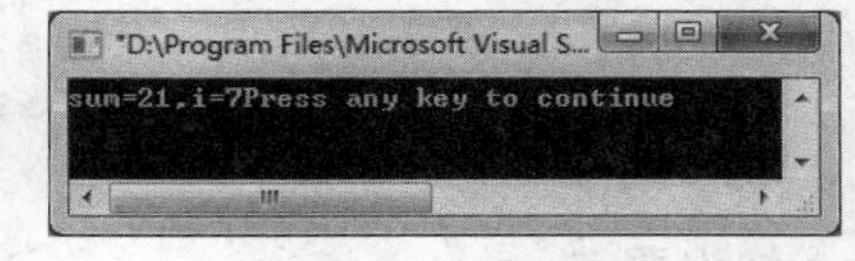

图 5-10　【实例 7】运行结果

实现过程：

```
#include  "stdio.h"
main(){
int i=1,sum=0;
while(i<10){
     sum+=i++;                  /* sum=1+2+3+… */
if(sum>20)
       break;                   /* 当 sum 的值大于 20 时，退出循环 */
   }
printf("sum=%d,i=%d",sum,i);
}
```

【实例 8】　输入 10 个整数，将正数相加，利用 continue 语句结束本次循环，接着进行下一次循环能否执行的判定，运行结果如图 5-11 所示。

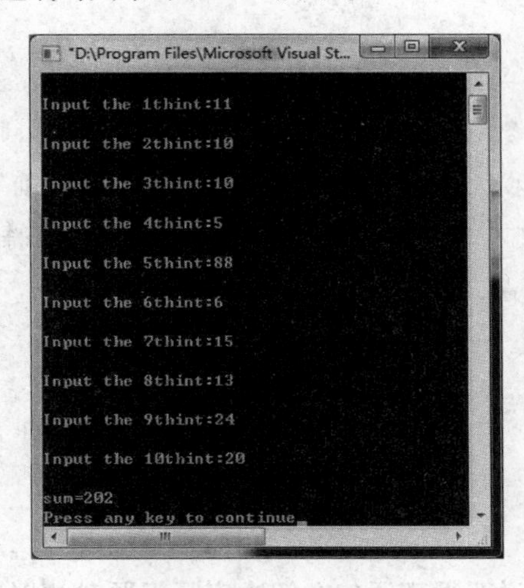

图 5-11　【实例 8】运行结果

实现过程：

```
#include <stdio.h>
void main(){
      inti,j,s = 0;
      for(i = 1;i< = 10;i ++ ){
            printf("\nInput the %dthint:",i);
            scanf("%d",&j);
            if(j<0){
                  continue;
                  s += j;
            }
      }
 printf("\nsum = %d\n",s);
}
```

知识要点：

1. break 语句

break 语句可以用在循环语句和 switch 语句中。在循环语句中用来结束内部循环；在 switch 语句中用来跳出 switch 语句。

2. continue 语句

功能：结束本次循环，忽略 continue 后面的语句，接着进行下一次循环能否执行的判定。

3. break 与 continue 的区别

(1) 在循环语句中使用 break 是使内层循环立即停止循环，执行循环体外的第一条语句。而 continue 是使本次循环停止执行，执行下一次循环；

(2) break 语句可以用在 switch 语句中，而 continue 则不行。

举一反三：

(1) 求 1！+2！+3！+…+n!，其中 n 由键盘输入。

(2) 从键盘输入一个整数，求其各数位之和。如输入 3721，则求 3+7+2+1=13。

(3) 每个苹果 0.8 元，第一天买 2 个苹果，第二天开始买前一天的 2 倍，直至购买的苹果个数达到不超过 100 的最大值。编写程序求每天平均花多少钱。

任务七　程序举例

任务描述：

下面通过举例来进一步说明循环语句在解决实际问题时的用法。用循环结构解决实际问题的方法大致可以分为这样几类：输出有规律的数列，输出图形，求和(积)、迭代和穷举等。

【实例9】　编写程序输出下列图形：

a

bb

ccc

dddd

eeeee

ffffff

ggggggg

hhhhhhhh

iiiiiiiii

实例说明：

利用for循环输出图形，如图5-12所示。

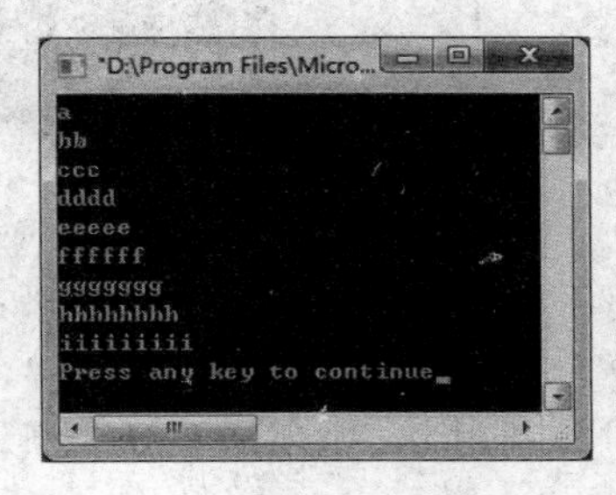

图5-12　【实例9】运行结果

知识要点：

共输出九行，第一行输出一个字母，输出是a；第二行输出两个字母，输出是b，依次类推，第i行输出i个相同的字母。所有后一行的字母的ASCII码值都比前一行字母的ASCII码值大1。

实现过程：

```
#include <stdio.h>
void main(){
    int i,j;
      for(i=1;i<=9;i++)  {
          for(j=1;j<=i;j++)
        printf("%c",'a'+i-1);
printf("\n");
}
}
```

【实例10】　请列出所有的个位数是6，且能被3整除的3位数。

实例说明：

利用for循环列出个位数是6，且能被3整除的3位数，如图5-13所示。

知识要点：

这是比较简单的需要使用穷举法编程的问题。三位十进制数是100～999，要找到满足条件的数，就需要对所有三位数罗列出来进行判断，这便是穷举法。

实现过程：

```
#include <stdio.h>
void main() {
     int i;
   for(i=100;i<=999;i++)  {
       if(i%10==6&&i%3==0)
          printf("\n%d  ",i);
   }
}
```

图 5-13 【实例 10】运行结果

【实例 11】 输出 1～999 之间的水仙花数(为各位数立方和,如:$153=1^3+5^3+3^3$)

实例说明:

利用 for 循环加上 if 判断语句进行各位数立方和的计算。运行结果如图 5-14 所示。

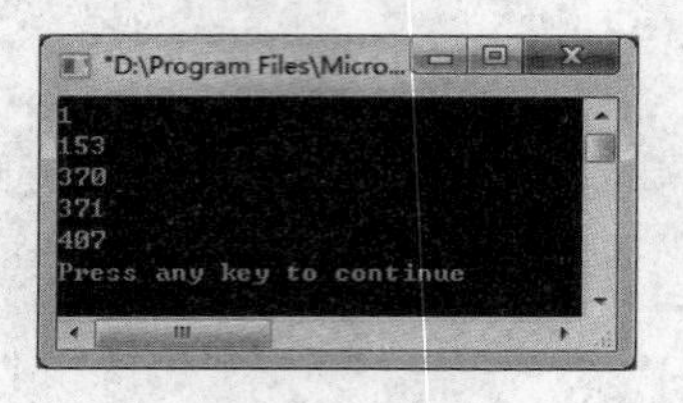

图 5-14 【实例 11】运行结果

知识要点:

要判断该数是否为水仙花树,首先要把这个三位数的个位、十位、百位都求出来,然后再求它们的立方和是否等于该数本身。本例中,a、b、c 分别代表三位数的百位、十位、个位。

实现过程:

```
#include <stdio.h>
void main(){
    int i,a,b,c;
   for(i=1;i<=999;i++){
    a=i/100;
    b=(i-100*a)/10;
    c=i-100*a-10*b;
  if (i==a*a*a+b*b*b+c*c*c)
  printf("%d\n",i);
  }
}
```

举一反三:

(1) 编写程序解决下列问题。用 1 分、2 分和 5 分硬币组合成 1 元钱,请问需要几个 1 分、几个 2 分以及几个 5 分。列出所有的组合情况。

(2) 编程实现在屏幕上输出以下图形：

```
   *
  ***
 *****
*******
 *****
  ***
   *
```

(3) 猴子吃桃问题。猴子第一天摘下若干个桃子，当即吃了一半，还不过瘾，又多吃了一个。第二天又将剩下的桃子吃掉一半，又多吃了一个。以后每天将前一天剩下的桃子吃掉一半，再多吃一个。到第十天只省下一个桃子了，求第一天共摘了多少桃子。

单元总结：

本单元主要学习内容大致如下：

1. 三种循环结构：

for( )语句；while()语句；do-while( )语句三种。

(1) for 循环当中必须是两个分号。

(2) 写程序的时候一定要注意，循环一定要有结束的条件，否则成了死循环。

(3) do-while()循环的最后一个 while();的分号一定不能够丢。（当心上机改错），do-while 循环是至少执行一次循环。

2. break 和 continue 的差别

break 就退出整个一层循环，continue 继续循环运算，但是要结束本次循环，就是循环体内剩下的语句不再执行，跳到循环开始，然后判断循环条件，进行新一轮的循环。

3. 嵌套循环

循环内嵌套循环，是一种比较复杂的程序设计方法，要一层一层一步一步地去理解和分析不同层的循环。

希望，通过本单元的学习进一步提高，学习者对 C 语言的理解和掌握。

单元考核：

1. 单项选择题

(1) 语句 while (！ e);中的条件！ e 等价于(　　)。

A. e==0　　B. e！ =1　　C. e！ =0　　D. ～e

(2) 下面有关 for 循环的正确描述是(　　)。

A. for 循环只能用于循环次数已经确定的情况

B. for 循环是先执行循环体语句，后判定表达式

C. 在 for 循环中，不能用 break 语句跳出循环体

D. for 循环体语句中，可以包含多条语句，但要用花括号括起来

(3) 在 C 语言中(　　)。

A. 不能使用 do-while 语句构成的循环

B. do-while 语句构成的循环必须用 break 语句才能退出

C. do-while 语句构成的循环,当 while 语句中的表达式值为非零时结束循环

D. do-while 语句构成的循环,当 while 语句中的表达式值为零时结束循环

(4) C 语言中 while 和 do-while 循环的主要区别是(　　)。

A. do-while 的循环体至少无条件执行一次

B. while 的循环控制条件比 do-while 的循环控制条件严格

C. do-while 允许从外部转到循环体内

D. do-while 的循环体不能是复合语句

(5) 以下程序段(　　)。

```
int x = -1;   do { x = x * x; }
while (! x);
```

A. 是死循环　　B. 循环执行二次

C. 循环执行一次　　D. 有语法错误

(6) 下列语句段中不是死循环的是(　　)。

A. i=100; while (1)

{ i=i%100+1; if (i==20) break; }

B. for (i=1;;i++) sum=sum+1;

C. k=0; do { ++k; } while (k<=0);

D. s=3379; while (s++%2+3%2) s++;

(7) 与以下程序段等价的是(　　)。

```
while (a)
{ if (b) continue;
c; }
```

A. while (a)

B. while (c) { if (! b) c; } { if (! b) break; c; }

C. while (c)

D. while (a) { if (b) c; } { if (b) break; c; }

(8) 语句 while(! E);中的表达式! E 等价于(　　)。

A. E==0　　B. E! =1　　C. E! =0　　D. E==1

(9) 下面程序段的运行结果是(　　)。

```
int n = 0;
  while(n++ <= 2);printf("%d",n);
```

A. 2　　B. 3　　C. 4　　D. 有语法错

(10) 以下不构成无限循环的语句或者语句组是(　　)。

A. n=0;　do{++n;} while(n<=0);

B. n=0;　while(1) {n++;}

C. n=10; while(n);{n--;}

D. for(n=0,i=1;　i++) n+=1;

2. 填空题

(1) 下面程序段是从键盘输入的字符中统计数字字符的个数,用换行符结束循环。请填空。

```
int n = 0,c;
c = getchar();
while(________)
 {
 if(________)n++;
  c = getchar();
 }
```

(2) 下面程序的功能是用"辗转相除法"求两个正整数的最大公约数,请填空。

```
#include  <stdio.h>
main()
{int r,m,n;
 scanf("%d%d",&m,&n);
 if(m<n)________;
 r = m%n;
 while(r){m = n;n = r;r = ________;}
 printf("%d\n",n);
}
```

(3) 下面程序的运行结果是________。

```
#include <stdio.h>
main()
{int a,s,n,count;
a = 2;s = 0;n = 1;count = 1;
while(count< = 7){n = n*a;s = s + n; ++count;}
printf("s = %d",s);
}
```

(4) 下面程序段的运行结果是________。

```
i = 1;a = 0;s = 1;
do{a = a + s*i;s = -s;i++;}while(i< = 10);
printf("a = %d",a);
```

(5) 下面程序段的运行结果是________。

```
i = 1;s = 3;
do{s += i++;
     if(s%7 == 0)continue;
       else ++i;
     }while(s<15);
   printf("%d",i);
```

3. 编程题

(1) 编写一个程序,求 1－1/2＋1/3－1/4＋…＋1/99－1/100 之值。

(2) 编写一个程序,求 s＝1＋(1＋2)＋(1＋2＋3)＋…＋(1＋2＋3＋…＋n)的值。

(3) 编写一个程序,用户输入一个正整数,把它的各位数字前后颠倒一下,并输出颠倒后的结果。

(4) 编写一个程序,求出 200 到 300 之间的数,且满足条件:它们三个数字之积为 42,三个数字之和为 12。

(5) 编写一个程序,求出满足下列条件的四位数:该数是个完全平方数,且第一、三位数字之和为 10,第二、四位数字之积为 12。

项目一　简易计算器项目实训

本项目是一个小型的实训项目，旨在培养学生建立一定的编程逻辑思维能力，并掌握软件开发的基本方法及步骤。

项目涉及的知识点主要包括：

C 语言基础知识、if-else 选择结构、switch 多路选择结构程序设计、循环结构程序设计以及函数的定义、调用和声明。

项目实训的目的和任务：

掌握软件开发的基本方法；巩固和加深学生对 C 语言课程基本知识的理解和掌握，培养学生利用 C 语言进行软件开发的能力。

1. 项目需求分析

说明：所谓需求分析是软件开发过程中的第一个环节，要求相关系统分析员和用户进行交流，初步了解需求，然后用 Word 列出所开发系统的大功能模块，以及每个大功能模块有哪些小功能模块，并且设计出相关的界面和界面功能。

系统分析员和用户再次确认需求。

(1) 项目概述

使用 C 语言，编写一个符号界面的计算器程序，包括加、减、乘、除等基本算术运算。

(2) 项目功能描述

本项目主要实现简单的算术运算。依次输入运算符(+、-、*、/、!)、运算数，输出运算结果。系统功能模块结构图如图 X1-1 所示。

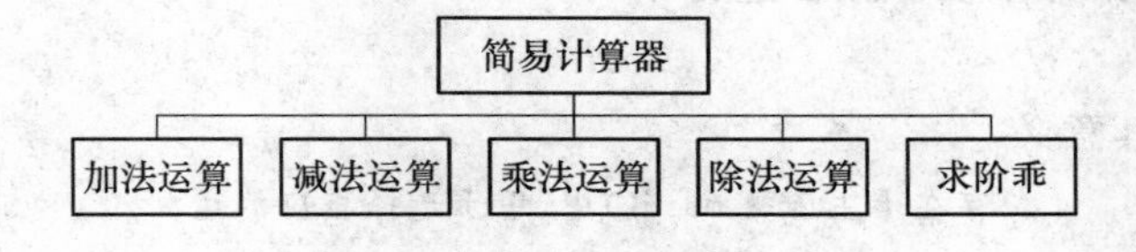

图 X1-1　简易计算器功能模块

各模块的功能说明如下：

(1) 加法运算模块：要求输入操作数，进行加法运算，输出运算结果。

(2) 减法运算模块：要求输入操作数，进行减法运算，输出运算结果。

(3) 乘法运算模块：要求输入操作数，进行乘法运算，输出运算结果。

(4) 除法运算模块：要求输入操作数，对除数进行判断，若除数不为数值 0，计算结果并输出；若除数为数值0，则输出“输入有误，分母不能为0”字符串。

(5) 求阶乘模块：要求输入操作，计算阶乘并输出。

2. 概要设计

概要设计，即系统设计。需要对软件系统的设计进行考虑，包括系统的基本处理流程、系统的组织结构、模块划分、功能分配、接口设计、运行设计、数据结构设计和出错处理设计等，为软件的详细设计提供基础。

本项目开发采用的是结构化程序设计方法，开发过程自顶向下，逐步细化，完善系统功能。其基本数据N-S图，如图X1-2所示。

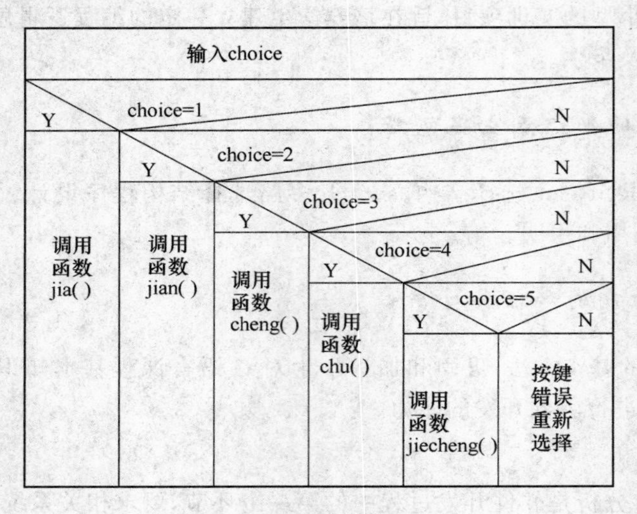

图X1-2　简易计算器系统数据N-S图

运行环境：操作系统Windows XP/2000/Me。

开发工具：Visual C＋＋6.0。

3. 详细设计

在概要设计的基础上，开发者需要进行软件系统的详细设计。在详细设计中，描述实现具体模块所涉及的主要算法、数据结构、类的层次结构及调用关系，需要说明软件系统各个层次中的每一个程序（每个模块或子程序）的设计考虑，以便进行编码和测试。详细设计应当足够详细，能够根据详细设计报告进行编码。

(1) 数据定义

变量名定义及其意义

```
int  choice;          //存在于主函数main()中,用于选择相应的运算
int  a,b,c;           //存放运算数及其运算结果,存在于自定义函数中
```

(2) 各个函数的定义

依据本项目的需求，分别自定义void menu()、void jia()、void jian()、void cheng()、void chu()、void jiecheng()，设计主函数main()，利用函数调用，实现各个模块功能。

4. 编码

```
#include "stdio.h"
```

```
void jia();
void jian();
void cheng();
void chu();
void jiecheng() ;
void menu()
{
printf("******************          \n");
printf("                            \n");
printf("       1.加法               \n");
printf("       2.减法               \n");
printf("       3.乘法               \n");
printf("       4.除法               \n");
printf("       5.阶乘               \n");
printf("                            \n");
printf("******************          \n");
}
void main()
{
    int choice;
    {
        menu();
        printf("请选择:");
        scanf("%d",&choice);
        switch(choice)
        {
        case 1:jia();break;
        case 2:jian();break;
        case 3:cheng();break;
        case 4:chu();break;
        case 5:jiecheng();break;
        default:printf("按键错误,请重新选择!");
        }
    }
}

void jia()
{
    int a,b,c;
    printf("请输入需要求解的数字:");
    scanf("%d%d",&a,&b);
    c=a+b;
    printf("%d+%d=%d\n",a,b,c);
```

```
}
void jian()
{
    int a,b,c;
    printf("请输入需要求解的数字:");
    scanf("%d%d",&a,&b);
    c=a-b;
    printf("%d-%d=%d\n",a,b,c);
}

void cheng()
{
    int a,b,c;
    printf("请输入需要求解的数字:");
    scanf("%d%d",&a,&b);
    c=a*b;
    printf("%d×%d=%d\n",a,b,c);
}
void chu()
{
    int a,b,c;
    printf("请输入需要求解的数字:");
scanf("%d%d",&a,&b);
    if(b!=0)
{
c=a/b;
printf("%d/%d=%d\n",a,b,c);
}
    else
        printf("分母不能为0:");
}
void jiecheng()
{
    int i=2,t=1,n;
    printf("请输入需要求解的数字:");
    scanf("%d",&n);
    while(i<=n)
        {
        t=t*i;
        i=i+1;
        }
        printf("%d!=%d\n",n,t);
}
```

5．运行与测试

（1）主界面：简易计算器主界面如图 X1-3 所示。

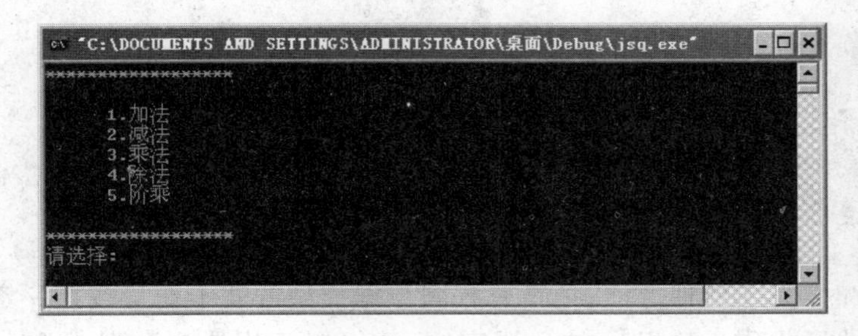

图 X1-3　简易计算器主界面

（2）选择加法运算，运算结果如图 X1-4 所示。

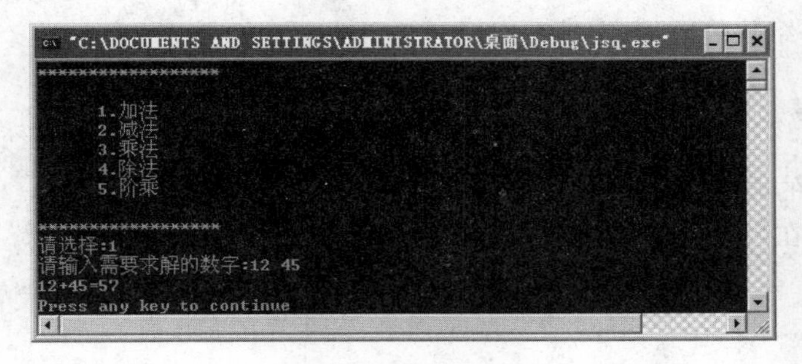

图 X1-4　加法运算

项目实训总结：

本项目实现了数值型数据的算术运算功能，综合运用了顺序结构、选择结构、循环结构，随着日后知识的积累，可进一步扩充其功能以求趋于完善。

单元6 数　　组

在程序设计时，为了处理方便，把具有相同数据类型的若干变量按照一定的顺序有效地组织起来，这样的形式称为数组。在C语言中，数组属于构造型数据类型。一个数组可以分解为多个数组元素，这些元素可以是基本数据类型，也可以是构造数据类型。因此，按照数组元素数据类型的不同，数组又可分为数值数组、字符数组、指针数组、构造数组等各种类别，本单元主要介绍数值数组、字符数组。

学习任务：

✧ 理解数组的概念。
✧ 掌握如何在程序中使用数组。

学习目标：

✧ 理解数组的概念，掌握数组的定义方法。
✧ 掌握数组的初始化及数组元素的引用。
✧ 能运用字符数组来存储和处理字符串。
✧ 熟悉数据的查找、修改、排序等常用算法。
✧ 使用数组解决实际问题。

任务一　一维数组

任务描述：

学习一维数值数组的定义、存储、初始化及应用。

【实例1】 顺序存放数据(这是一个可以提高基础技能的实例)。

实例说明：

任意输入5个数据，编程设计使这5个数据按输入顺序存放，并顺序输出。运行结果如图6-1所示。

知识要点：

1. 一维数组的定义

类型说明符　　数组名[常量表达式]；

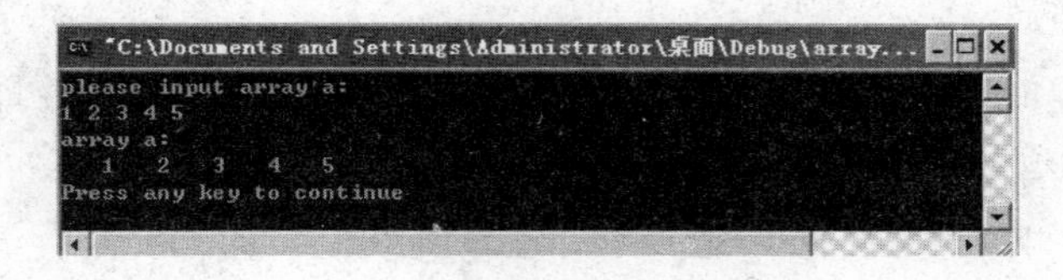

图 6-1 【实例 1】运行结果

说明：

(1) 数组的类型是指数组元素的取值类型。同一数组中，所有的元素的数据类型都是相同的。

(2) 数组名的命名必须符合标识符的命名规则。

(3) 数组名不能与其他变量名相同。

(4) 常量表达式表示数组元素的个数，即数组长度，它是一个整形常量。不能用变量来表示数组的长度，但可以用符号常量或常量表达式表示。

(5) 允许在同一个类型说明中，说明多个数组和多个简单变量。

(6) C 编译程序指定数组名为数组的首地址，也就是说，在 C 语言中，每个已定义的数组，其数组名有两个含义：一是代表该数组的名称；二是代表该数组在内存的首地址。

例如，定义一个一维数组 a：

```
int a[5];
```

表示数组 a 中有 5 个元素，数组元素由数组名和下标来表示。下标由 0 开始，到 4 结束。a[5]不能使用，否则数组下标越界。

数组名 a 和 &a[0]，在表示数组 a 的首地址时，是等价的。

2. 一维数组的存储形式

```
int  a[5];
```

在定义了一维数组 a 以后，系统会给数组 a 分配连续 10 个字节的存储空间，空间的大小由存储在数组 a 中的元素类型和数组元素个数决定。

3. 一维数组元素的引用

在数组定义后，只能引用数组元素，而不能引用数组名。数组元素是数组的基本元素，也是一种变量，其标识方法为数组名及下标。

一般形式：数组名[下标]

例如：引用数组 a 中的第一个元素为 a[0]。

说明：

(1) 在引用数组元素时，下标可以是整形常量、已赋值的变量或含变量的表达式。例如：number[5]、number[i+j]、number[j++]，都是合法的引用方式。

(2) 由于数组元素本身可以看作同一类型的简单变量，因此，对简单变量的各种操作也都适用于数组元素。

(3) C 语言在引用数组时不检查数组边界，因此，在编程时要检查数组元素的边界，下标上限不能越界，否则会出现不可预料的后果。

4. 一维数组的初始化

在定义数组的同时赋予初值，称为数组的初始化，对于一维数组的初始化有以下几种形式。

(1) 在定义数组时,可以对全部数组元素赋初值。将数组元素的初值依次放在一对花括号内,数据之间用逗号隔开。

例如:int score[6]={1,2,3,4,5,6};

(2) 可以只给一部分元素赋初值,未赋值的元素值默认为0。

例如:int a[5]={1,2};表示给数组a的前两个元素赋了初值,后面a[2]、a[3]、a[4]的值均为0。

(3) 在对全部数组元素赋初值时,可以不指定数组长度。

例如:int a[]={1,2,3,4,5};表示数组a的长度为5,并且数组元素的值分别为:a[0]=1、a[1]=2、a[2]=3、a[3]=4、a[4]=5。

实现过程:

```
#include<stdio.h>
main()
{
  int a[5],i;                       /*定义数组及变量为基本整形*/
  printf("please input array a:\n");
  for(i=0;i<5;i++)
    scanf("%d",&a[i]);              /*逐个输入数组元素*/
  printf("array a:\n");
  for(i=0;i<5;i++)
    printf("%4d",a[i]);             /*逐个输出数组元素*/
  printf("\n");
}
```

举一反三:

(1) 任意输入5个数,按输入顺序的逆序输出。

(2) 任意输入10个数,编程求这10个数中小于0的元素之和。

(3) 任意输入10个数,编程求这10个数中偶数的个数及偶数之和。

【实例2】 相邻数组元素之和(这是一个可以提高基础技能的实例)。

实例说明:

从键盘上任意输入10个整形数据存储到数组a中,编程求出数组a中相邻两元素之和,并将这些和存放到数组b中,按每行3个元素的形式输出。运行结果如图6-2所示。

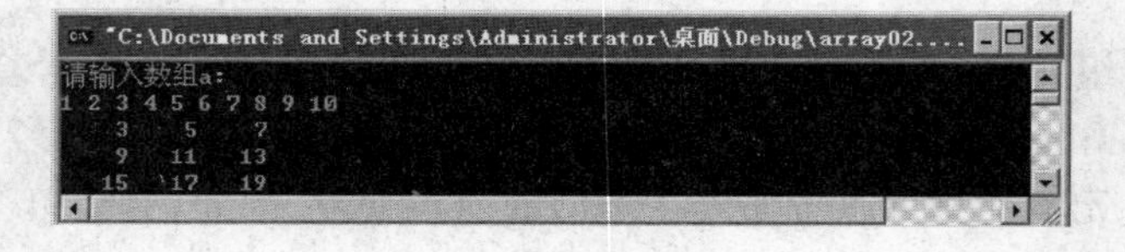

图6-2 【实例2】运行结果

知识要点:

本实例的算法思想如下:输入10个元素存到数组a中,利用for循环将数组a中相邻的元素求和存到数组b中,相邻元素的表现形式为a[i-1]及a[i]。

实现过程:

```
#include<stdio.h>
main()
{   int a[10],b[10],i;
printf("请输入数组 a:\n");
for(i=0;i<10;i++)
scanf("%d",&a[i]);
for(i=1;i<10;i++)
b[i]=a[i]+a[i-1];
for(i=1;i<10;i++)
{
    printf("%5d",b[i]);
        if (i%3==0)
            printf("\n");
    }
}
```

举一反三:

(1) 从键盘上任意输入 10 个整型数据存储到数组 a 中,编程求出数组 a 中相邻两元素之积,并将这些积存放到数组 b 中,按每行 3 个元素的形式输出。

(2) 从键盘上任意输入 10 个整型数据存储到数组 a 中,编程求出数组 a 中每隔一个元素之和,并将这些和存放到数组 b 中,按每行 3 个元素的形式输出。

(3) 定义一个整型数组,包含 6 个元素,即 int a[6]={11,12,13,14,15,16};计算下标为奇数的所有元素之和。

【实例 3】 选票统计(这是一个可以提高基础技能的实例)。

实例说明:

班级竞选班长,共有 3 个候选人,输入参加选举的人数及每个人选举的内容,输出 3 个候选人的最终得票及无效选票数。运行结果如图 6-3 所示。

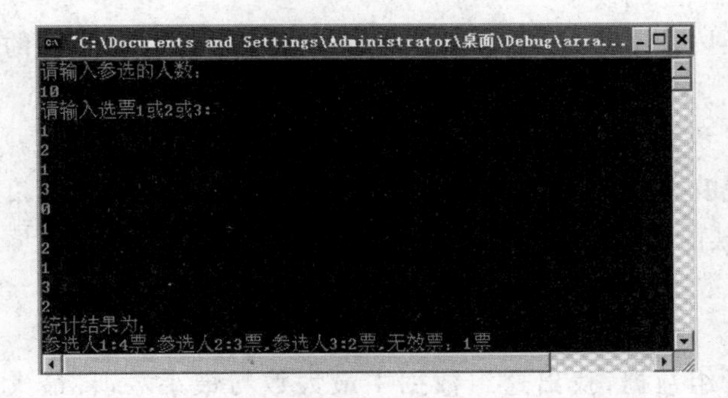

图 6-3 【实例 3】运行结果

知识要点:

本实例是一个典型的一维数组的应用,这里主要说明一点就是 C 语言规定只能逐个引用数组元素而不能一次引用整个数组。

算法分析如下:将参选人数编号为 1、2、3,设置数组 a,它的长度和参加投票的人数有关,所以要足够大。数组元素 a[0]、a[1]、a[2]、a[3]…分别用于存放各个投票人的投票数据。有效的投票数据为 1、2、3,分别代表不同的三位参选人,其余的投票数据均为无效投票。v1、v2、v3 统计三个参选人的得票数,v0 统计无效的票数,n 为参加投票的人数。

实现过程:

```
#include<stdio.h>
main()
{
int i,n,v0 = 0,v1 = 0,v2 = 0,v3 = 0,a[50];
printf("请输入参选的人数:\n");
scanf("%d",&n);
printf("请输入选票 1 或 2 或 3:\");
for(i = 0;i<n;i ++ )
   scanf("%d",&a[i]);
for(i = 0;i<n;i ++ )
{
   if (a[i] == 1)
       v1 ++ ;
   else if (a[i] == 2)
       v2 ++ ;
   else if (a[i] == 3)
     v3 ++ ;
  else
     v0 ++ ;
}
printf("统计结果为:\n");
printf("参选人 1:%d 票,参选人 2:%票,参选人 3:%d 票,无效票:%d 票\n",v1,v2,v3,v0);
}
```

举一反三:

(1) 有一个已经按升序排好的数组,现输入一个数,要求按原有的规律将它插入到数组中。

(2) 求出全班 C 语言的平均成绩及最高分(20 人计算)。

(3) 计算输出斐波那契序列前 20 项。这个数列有如下特点:第 1、2 项两个数为 1,从第 3 项数开始,该数是其前面两个数之和,即 $a_1=1,a_2=1;a_n=a_{n-1}+a_{n-2}$。

【实例 4】 对调数组中最大数与最小数位置。

实例说明:

从键盘上输入一组数据,找出这组数据中最大数与最小数,将最大数与最小数位置互换,将互换后的这组数据再次输出。运行结果如图 6-4 所示。

知识要点:

本实例的主要思路如下:首先是要确定最大数和最小数的具体位置,将 a[0]赋值给 min,用 min 和数组中其他元素比较,有比 min 小的,就将这个较小的值赋值给 min,同时将其位置复制给 j,当和数组中元素均比较以后,此时 j 中存放的就是数组中最小元素所在的

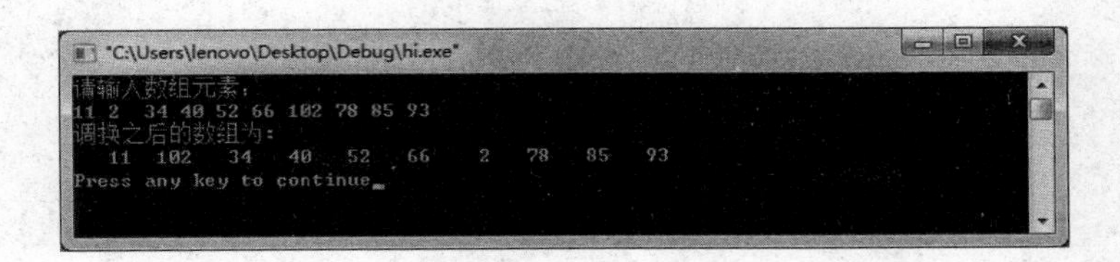

图 6-4 【实例 6-4】运行结果

位置。最大元素位置的确定同最小元素的方法一样,当确定具体位置以后将两个元素位置互换,最后将互换后的数组输出。

实现过程:

利用 for 循环和 if 条件语句确定出最大值和最小值的位置,互换后将数组再次输出。

```
#include<stdio.h>
main()
{
int a[10],max,min,i,j,k,n;
  printf("请输入数组元素:\n");
  for(i = 0;i< = 9;i++)
  scanf("%d",&a[i]);
  min = a[0];
  for(i = 1;i< = 9;i++)
  if(a[i]<min)
  {min = a[i];
  j = i;}
  max = a[0];
  for(i = 1;i< = 9;i++)
  if(a[i]>max)
  {max = a[i];
  k = i;}
  a[k] = min;
  a[j] = max;
  printf("调换之后的数组为:\n");
  for(i = 0;i< = 9;i++)
  printf("%5d",a[i]);
  printf("\n");
  }
```

举一反三:

(1) 从键盘上输入 10 个元素,要求将位置互换,即第一个元素和最后一个元素互换,第二个元素和倒数第二个元素互换,依次类推,将互换后的数组再次输出。

(2) 从键盘中输入 10 个元素,要求每隔一个元素进行输出。

任务二　二维数值数组

任务描述：

一维数组虽然能够解决具有线性特征的问题，但在实际应用中，很多问题是二维的，具有行和列的特征。例如，现在有一个 10 行 10 列的矩阵，该如何存储？

对于此类问题，一种解决方案就是定义 10 个大小为 10 的一维数组。但这样做不但定义麻烦，使用和处理更为麻烦。另外一种解决方案就是二维数组。在本任务中，来学习使用二维数组。

【实例 5】 求二维数组对角线之和(这是一个可以提高基础技能的实例)。

实例说明：

有一个 4×4 的矩阵，要求编程求出其从左到右的对角线之和并输出。使用 for 循环语句将二维数组以矩阵形式输出；程序中使用 if 选择判断语句，将数组中对角线上的元素找出，将找出的元素求和并输出。运行结果如图 6-5 所示。

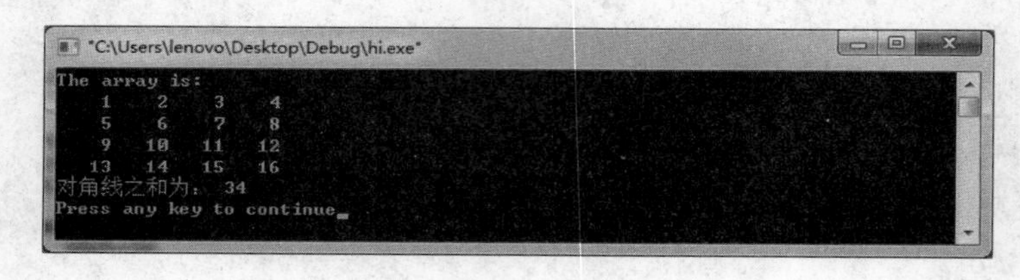

图 6-5　【实例 5】运行结果

知识要点：

1. 二维数组的定义

数组类型　数组名[常量表达式 1][常量表达式 2]；

说明：其中常量表达式 1 表示第一维下标的长度，常量表达式 2 表示第二维下标的长度。

例如：int　score[4][3]；

2. 二维数组元素的表示形式

数组名[下标 1][下标 2]；

说明：二维数组下标的约定同一维数组一样，都是从 0 开始，下标上限不能越界。

3. 二维数组的初始化

(1) 分别给二维数组赋初值。

例如：

```
int a[2][3] = {{1,2,3},{4,5,6}};
```

{1,2,3}赋值给第一行的元素，{4,5,6}赋值给第二行的元素。

(2) 可将所有数据写在一个花括号内，按照数组的存储排列顺序对各个元素赋值。

例如：int a[2][3] = {1,2,3,4,5,6};

相当于 a[0][0]=1,a[0][1]=2,a[0][2]=3,a[1][0]=4,a[1][1]=5,a[1][2]=6。

(3) 可以对部分元素赋值，未被赋值的元素其值为 0。

例如：int score[3][2] = {{90},{87,76},{91}};

相当于 score[0][0]=90,score[1][0]=87,score[1][1]=76,score[2][0]=96。

(4) 如果对全部元素都赋值，则定义数组时对第一维的长度可以不指定，但第二维的长度不能省。

例如：int score[][2] = {98,78,76,88,73,91};

系统会根据数据的总数和每行的列数，自动分配存储空间，确定二维数组的行数。

(5) 在使用数组元素时，注意下标值应在定义数组的大小范围内，不能越界，否则会出现严重后果。

实现过程：

(1) 定义变量和数组的数据类型，用嵌套的 for 语句将二维数组输出；

(2) 将二维数组中 i=j 的元素值相加；

(3) 将二维数组和二维数组 i=j 元素的和输出。

```
#include<stdio.h>
main()
{
inti,j,sum;
int a[4][4] = {{1,2,3,4},{5,6,7,8},{9,10,11,12},{13,14,15,16}};
sum = 0;
printf("The array is:\n");
for(i = 0;i<4;i++)
{for(j = 0;j<4;j++)
   {
      printf("%5d",a[i][j]);
          if(i == j)
                sum = sum + a[i][j];
      }
printf("\n");
}
printf("The sum of the diagonal is %d\n",sum);
}
```

举一反三：

(1) 定义一个 3 行 4 列的二维数组，并逐行输入二维数组的元素值，再逐行输出二维数组元素值。

(2) 编写程序求矩阵某一行的元素之和。

(3) 编写程序求矩阵自右向左对角线元素之和。

【实例 6】 编写程序实现矩阵转置运算。

实例说明：

转置就是将矩阵各个元素相应的行和列互换，假设 3 行 3 列的 **A** 矩阵为

1　2　3

4　5　6

7　8　9

将矩阵置换后形成矩阵 **B** 为

1　4　7

2　5　8

3　6　9

即 **A** 矩阵的第一行元素变成 **B** 矩阵的第一列元素。运行结果如图 6-6 所示。

图 6-6　【实例 6】运行结果

知识要点：

在转置的过程中，**A** 矩阵的第 j 行第 i 列元素转置后为 **B** 矩阵第 i 行第 j 列元素。显然，一个 m 行 n 列的矩阵经过转置之后就变成了 n 行 m 列的矩阵。

二维数组的定义与初始化，使用 for 循环语句和 if 语句的混合嵌套结构实现二维数组各元素之间相互赋值。

实现过程：

```
#include<stdio.h>
main()
{
int n[3][3]={1,2,3,4,5,6,7,8,9};
int  i,j,temp;
printf("原始矩阵为:\n");
  for(i=0;i<3;i++)
    {for(j=0;j<3;j++)
printf("%5d",n[i][j]);
printf("\n");
}
for(i=0;i<3;i++)
        for(j=0;j<3;j++)
          {
            if (j>i)   /*将主对角线右上方的元素与主对角线左下方的元素进行单方向交换*/
              {
                  temp=n[i][j];
                  n[i][j]=n[j][i];
                  n[j][i]=temp;
                      }
```

```
            }
    printf("置换后的矩阵为:\n");
for(i = 0;i<3;i++)
    {for(j = 0;j<3;j++)
printf(" %5d",n[i][j]);
printf("\n");
}
}
```

【实例 7】 编写程序计算平均成绩。

实例说明:

一个学习小组有 5 个人,每个人有 3 门课的考试成绩,编写程序,求全组各门课程的平均成绩和各门课的总平均成绩。运行结果如图 6-7 所示。

图 6-7 【实例 7】运行结果

知识要点:

1. 数组是一种构造类型的数据

二维数组可以看作是由一维数组的嵌套而构造的。一维数组的每一个元素都是一个一维数组,就构成了二维数组。当然,前提是各元素类型必须相同。根据这样的分析,一个二维数组也可以分解为多个一维数组,C 语言允许这样的分解。

例如:二维数组 a[3][4],可以分解为 3 个一维数组,其数组名分别为:a[0]、a[1]、a[2]。对这 3 个一维数组不需要另作说明就可以使用,这 3 个一维数组都有 4 个元素,这里一维数组 a[0]的元素为 a[0][0]、a[0][1]、a[0][2]、a[0][3]。必须强调的是 a[0]、a[1]、a[2]不能当作下标变量使用,它们是数组名,不是单纯的下标变量。

2. 二维数组的存储形式

在 C 语言中,二维数组是按行优先的方式线性排列存储的。就是说先依次存储第一行的数据,再依次存储第二行的数据。

实现过程:

(1) 定义一个二维数组 score[5][3]存储 5 个人 3 门课的成绩,另外设置一个一维数组 aver[3]存放求得的各门课的平均成绩。

(2) 设置变量 average 为该学习小组各门课程的总的平均成绩。

(3) 使用一维数组、二维数组、for 循环嵌套。

```
#include<stdio.h>
main()
{
    int  i,j;
```

```
double sum = 0,average,aver[3];
float score[5][3] = {{80,75,92},{61,65,71},{59,63,70},{85,83,90},{73,78,61}};
for(i = 0;i<3;i ++ )
{
for(j = 0;j<5;j ++ )
sum = sum + score[j][i];
aver[i] = sum/5;
sum = 0;
}
average = (aver[0] + aver[1] + aver[2])/3;
printf("第一门课的平均成绩：%.2f\n",aver[0]);
printf("第二门课的平均成绩：%.2f\n",aver[1]);
printf("第三门课的平均成绩：%.2f\n",aver[2]);
printf("总平均成绩：%.2f\n",average);
}
```

举一反三：

(1) 编写程序打印出杨辉三角，要求打印10行。

(2) 输入10个学生的期中成绩和期末成绩，计算每个学生的总评成绩(期中成绩×0.3+期末成绩×0.7)和分数分段情况(总评成绩0～59的人数，60～79的人数，80～100的人数)。

任务三　字符数组

任务描述：

在用计算机描述现实世界中的事务时，不仅是数字，更多地用到字符或者字符串，C语言中提供了对字符串处理的函数，用字符数组来存放字符量。字符数组是存放字符型数据的数组，其中，每个数组元素存放的值均为字符。字符数组也有一维和多维之分，比较常用的是一位字符数组和二维字符数组。

【实例8】 输入一个字符串，并输出。运行结果如图6-8所示。

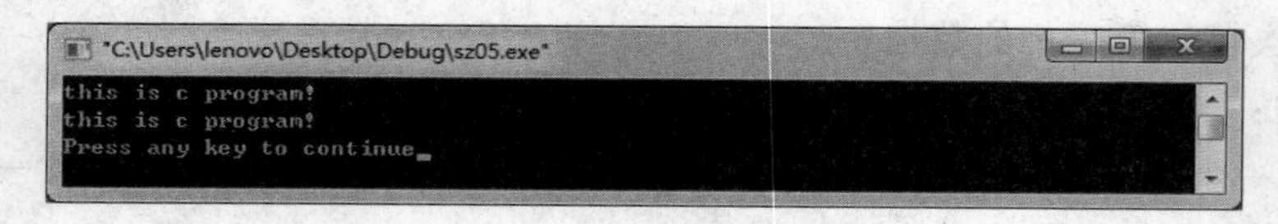

图6-8 【实例8】运行结果

实例说明：

数据元素是char类型的数组是字符数组。在C语言里，没有专门处理字符串的数据类型，之前，使用字符数据类型来处理单个字符，有一定的局限性，现在，学习使用字符数组来处理字符串数据。本实例要求用字符数组的形式实现字符串数据的输入/输出。

知识要点：

1. 字符数组的定义

char 字符数组名[常量]|……[常量]

例如：char st[10]; /＊定义了一个一维字符数组，其存储空间为10个字节＊/

char string[10][20]; /＊定义了一个二维字符数组＊/

说明：字符数组中的每个元素均占一个字节，且以ASCII码的形式来存放字符数据。

2. 字符数组的初始化

(1) 通过字符初始化

例如：char c[10]={'c', ' ','p','r','o','g','r','a','m'};

赋值后各元素的值为

数组C c[0]的值为'c'

c[1]的值为' '

c[2]的值为'p'

c[3]的值为'r'

c[4]的值为'o'

c[5]的值为'g'

c[6]的值为'r'

c[7]的值为'a'

c[8]的值为'm'

其中c[9]未赋值，系统自动赋值为'\0'。

当对全体元素赋初值时也可以省略长度说明。

例如：char c[ ]={'c', ' ','p','r','o','g','r','a','m'};

这时数组C的长度自动定义为9。

(2) 通过字符串初始化；

例如 char ch[6]={"Hello"};

char ch[6]="Hello";

char ch[]="Hello";

以上三种形式都可以对数组ch进行初始化，采用的是字符串初始化形式，其存储形式为

H	e	l	l	o	\0
ch[0]	ch[1]	ch[2]	ch[3]	ch[4]	ch[5]

说明：字符串是指若干有效字符的序列。有效字符是系统允许使用的字符。C语言中的字符串包括字母、数字、专用字符、转义字符。

在C语言中没有专门的字符串变量，通常用一个字符数组来存放一个字符串。字符串存放在字符数组中，但字符串和字符数组可以不等长。字符串以'\0'字符作为字符串结束标记。

用字符串方式赋值比用字符逐个赋值要多占一个字节，用于存放字符串结束标记'\0'。

'\0'是由C编译系统自动加上的。由于采用了'\0'标记，所以在用字符串赋值时，一般无须指定数组的长度，而由系统自行处理。

字符数组只有在定义时才允许整体赋值。

3. 字符串的输入和输出

在C语言中没有字符串变量，用字符数组来处理字符串，字符串结束标志为'\0'。

字符串的输入输出格式有以下两种：逐个字符输入输出格式"%c"、整个字符串输入/输出格式"%s"。

(1) 字符串输入函数：

1) scanf()函数

例如：char st[10];

```
scanf("%s",st);
```

说明：

字符串输入时无须加取地址符"&"，直接使用字符数组名即可，字符数组名就表示字符数组的首地址。

scanf()遇到空格、跳格符或回车符就认为字符串结束。

2) gets()函数

例如：char st[10];

gets(st);

说明：

gets()从标准输入设备键盘上输入一个字符串。输入字符串时，只有遇到回车符才认为字符串结束。

(2) 字符串输出函数：

1) Printf()函数

例如：printf("%s",st);

说明：

st为字符数组名。

输出"\0"前所有字符，输出后不自动换行。

2) puts函数：

例如：puts(st);

说明：

st为字符数组名。

把字符数组中的字符串输出到显示器，即自屏幕上显示该字符串。输出"\0"前所有字符，输出后自动换行。

注：使用gets()和puts()，必须包含头文件string.h。

实现过程：

(1) 定义一个一维字符数组ch[10]，用来存放字符串。

(2) 使用gets(ch)从键盘输入字符串。

(3) 使用puts(ch)输出字符串。

```
#include <stdio.h>
main()
{ char  ch[10];
```

```
    gets(ch);
    puts(ch);
}
```

举一反三:

(1) 使用 scanf()和 printf()函数以及"%s"格式,输入一个字符串并输出一个字符串。

(2) 使用 scanf()和 printf()函数以及"%c"格式,输入一个字符串并输出一个字符串。

任务四　字符串处理函数

任务描述:

在C语言中,提供了大量的字符串处理函数,大体上可分为:字符串的输入、输出、连接、比较、复制等几类。这些函数可以大大减少编程的工作量,提高工作效率,在使用字符串处理函数之前,应包含头文件“string. h”。

【实例9】 连接两个字符串。

实例说明:

两个字符串分别存放在不同的字符数组中,可以再定义一个比较宽的字符数组,用来存放连接之后形成的新的字符串。除了上个实例中用到的 gets()和 puts()函数之外,这个实例要用到连接函数 strcat()和复制函数 strcpy()。运行结果如图 6-9 所示。

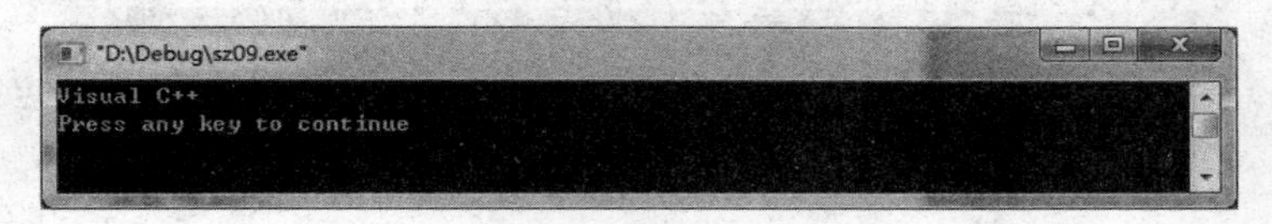

图 6-9 【实例 9】运行结果

知识要点:

1. 字符串连接函数 strcat ( )

格式:strcat(字符数组 1,字符数组 2)。

功能:把字符数组 2 连到字符数组 1 后面。

返值:返回字符数组 1 的首地址。

说明:

(1) 字符数组 1 必须足够大。

(2) 连接前,两串均以'\0'结束;连接后,串 1 的'\0'取消。

(3) 新串最后加'\0'。

2. 字符串拷贝函数 strcpy( )

格式:strcpy(字符数组 1,字符串 2)。

功能:将字符串 2,复制到字符数组 1 中去。

返值:返回字符数组 1 的首地址。

说明：

(1) 字符数组 1 必须足够大。

(2) 复制时'\0'一同复制。

(3) 不能使用赋值语句为一个字符数组赋值。

实现过程：

```
#include <string.h>
#include <stdio.h>
void main()
{   char destination[25];
    char blank[ ] = " ", c[ ]= "C++",
           vis[ ] = "Visual";
    strcpy(destination, vis);
    strcat(destination, blank);
    strcat(destination, c);
  printf("%s\n", destination);
}
```

举一反三：

(1) 编写程序，实现 strcat()函数的功能。

(2) 编写程序，实现 strcpy()函数的功能。

【实例 10】 比较两个字符串，并测试两个字符串的长度。运行结果如图 6-10 所示。

图 6-10 【实例 10】运行结果

实例说明：

比较两个字符串，不能用关系运算符"=="，要使用字符串比较函数 strcmp()。

知识要点：

1. 字符串比较函数 strcmp()

格式：strcmp(字符串 1，字符串 2)

功能：比较两个字符串

比较规则：对两串从左向右逐个字符比较(ASCII 码)，直到遇到不同字符或'\0'为止。

返值：返回值 int 型整数

若字符串 1<字符串 2，返回负整数。

若字符串 1>字符串 2，返回正整数。

若字符串 1== 字符串 2，返回零。

说明：字符串比较不能用"=="，必须用 strcmp()

2. 字符串长度函数 strlen()

格式：strlen(字符数组)

功能:计算字符串长度

返值:返回字符串实际长度,不包括'\0'在内

实现过程:

```
#include <string.h>
#include <stdio.h>
main()
{   char str1[] = "Hello!", str2[] = "How are you?",str[20];
    int len1,len2,len3;
    len1 = strlen(str1);        len2 = strlen(str2);
    if(strcmp(str1, str2)>0)
    {   strcpy(str,str1);       strcat(str,str2);   }
    else  if (strcmp(str1, str2)<0)
    {   strcpy(str,str2);       strcat(str,str1);   }
    else    strcpy(str,str1);
    len3 = strlen(str);
    puts(str);
    printf("Len1 = %d,Len2 = %d,Len3 = %d\n",len1,len2,len3);
}
```

举一反三:

(1) 编写程序,实现 strcmp()函数的功能。

(2) 编写程序,实现 strlen()函数的功能。

(3) 有三个字符串,找出其中最大者。

任务五 冒泡排序

任务说明:

排序是将一组任意顺序的数据按从小到大或从大到小的顺序进行排列。排序的主要操作是比较和交换,排序在现实生活中应用很多,排序的方法也很多,诸如冒泡排序和选择排序,下面主要学习冒泡排序方法。

冒泡排序就像水中的气泡上浮的顺序一样,小的气泡先浮出水面,大的气泡最后浮出水面。冒泡排序就是采用这样的原理对数据进行排序。

【实例 11】 输入 10 个数,使用冒泡排序法对这 10 数从小到大排序,然后输出。

运行结果如图 6-11 所示。

```
"C:\Documents and Settings\Administrator\桌面\Debug\hy.exe"
请输入:
77 22 55 11 44 33 88 100 66 99
排序结果为:
  11  22  33  44  55  66  77  88  99 100
Press any key to continue
```

图 6-11 【实例 11】运行结果

实例说明:

将这 10 个数放在数组 a[10]中,比较相邻两个数的大小,将小的调到前面,大的调到后面。

解决这一类问题的基本思路:将 n 个数据中每相邻的两个数进行比较,如果大的数在前,小的数在后,则需要将这两个数互换位置,否则不需要交换。接着继续比较下面两个相邻的数,直到找到数据中最大的数。再次从头开始依次比较相邻的两个数,找到次大的数,依次类推,从而使 n 个数据从小到大依次排序。

例如,有 5 个数:8 ,5 ,3 ,9 ,4,使用冒泡排序法排序的过程如图 6-12～图 6-15 所示。

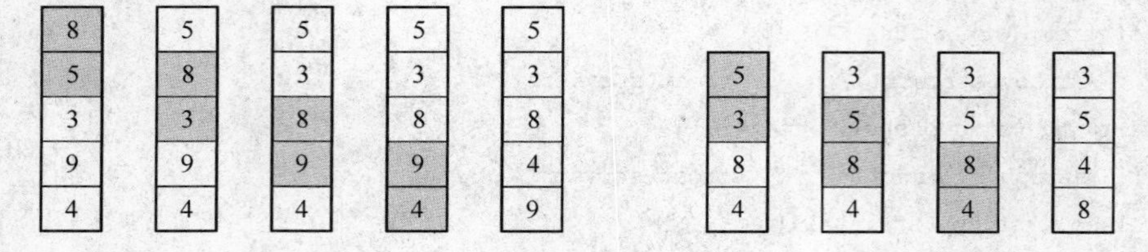

图 6-12　冒泡法排序第一趟排序结果　　图 6-13　冒泡法排序第二趟排序结果

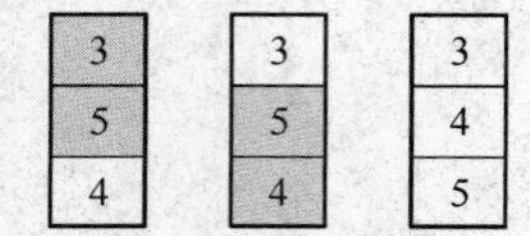

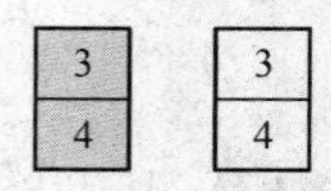

图 6-14　冒泡法排序第三趟排序结果　　图 6-15　冒泡法排序第四趟排序结果

第一趟:需要比较 4 次,最大数 9 被排在了最后第五位。

第二趟:需要比较 3 次,次大数 8 被排在了第四位。

第三趟:需要比较 2 次,再次大数 5 被排在了第三位。

第四趟:需要比较 1 次,确定 3、4 两个数的位置。

转换算法为:对于 n 个数使用冒泡法的排序过程如下:

(1) 比较第一个数与第二个数,若为逆序 a[0]>a[1],则交换位置;然后比较第二个数与第三个数,依次类推,直到第 $n-1$ 个数与第 n 个数比较为止。第一趟冒泡排序,结果是最大的数被安置在了最后一个元素的位置上。

(2) 对前 $n-1$ 个数进行第二趟冒泡排序,结果使次大的数被安置在了第 $n-1$ 个元素的位置。

(3) 重复上述过程,共经过 $n-1$ 趟冒泡排序后,排序完成。

实现过程:

```
#include<stdio.h>
main()
{
  int a[10],i,j,t;
  printf("请输入:\n");
  for(i=0;i<10;i++)
  {
```

```
        scanf("%d",&a[i]);
    }
    for(j=0;j<10;j++)
        for(i=0;i<10-j;i++)
            if(a[i]>a[i+1])
            {
                t=a[i];a[i]=a[i+1];a[i+1]=t;
            }
        printf("排序结果为:\n");
        for(i=0;i<10;i++)
            printf("%4d",a[i]);
        printf("\n");
}
```

举一反三:

输入10个数,使用选择排序法对这10数从小到大排序,然后输出。

单元总结:

本单元主要介绍了程序设计中最常用的数据结构——数组。任务中分别介绍了一维数组、二维数组、字符数组的使用,为解决实际问题提供了更多的方法。

单元考核:

1. 单项选择题

(1) 定义整型一维数组a,且有10个元素的正确定义方法是(　　)。

A. int a{10};　　B. int a(10);　　C. int a[10];　　D. int a<10>;

(2) 定义字符数组c,且有10个元素,下列定义错误的是(　　)。

A. char c[10];　　B. char c[5+5];　　C. #define N 10
char c[N];　　D. int n=10;
char c[n];

(3) 函数strcpy()包含在(　　)中。

A. stdio.h　　B. math.h　　C. string.h　　D. time.h

(4) 定义char ch[10]="china";则ch[5]的值是(　　)。

A. 'a'　　B. '\n'　　C. '\0'　　D. "\0"

(5) 定义数组double x[10],则数组x的第一个元素是(　　)。

A. x[0]　　B. x[1]　　C. x[9]　　D. x[10]

(6) 在C语言中可以使用(　　)函数一次接受多个字符(字符串)。

A. gets()　　B. puts()　　C. getchar()　　D. putchar()

(7) 定义数组int x[2][3]={1,2,3,4,5,6};则x[1][1]的值是(　　)。

A. 1　　B. 3　　C. 4　　D. 5

(8) 将字符串c2连接到字符串c1后,应使用(　　)。

A. strcat(c1,c2);　　B. strcat(c2,c1);

C. strcpy(c1,c2); D. strcpy(c2,c1);

(9) 在C语言中,如定义 int a[10]={1,2,3};则 a[9]的值是(　　)。

A. 9 B. 9 C. 10 D. 0

(10) 在C语言中,printf("%d",strlen("hello"));其输出结果是(　　)。

A. 4 B. 5 C. 6 D. 7

(11) 下列定义的数组,错误的是(　　)。

A. int a[2][3]={1,2,3,4,5,6}; B. int a[2][3]={{1,2,3},{4,5,6}};

C. int a[ ][3]={1,2,3,4,5,6}; D. int a[2][ ]={1,2,3,4,5,6};

(12) int a[3][4];则对数组元素的非法引用是(　　)。

A. a[0][2*1] B. a[1][3] C. a[4-2][0] D. 7a[0][4]

2. 填空题

(1) 下列程序段的输出结果是:________。

```
int x[3] = {1,2,3},y[3] = {4,5,6};
int z[3],i;
for(i = 0;i<3;i ++ )
   z[i] = x[i] + y[i];
printf(" % d, % d",z[1],z[2]);
```

(2) 定义二维数组 int x[3][4]={1,2,3,4,5,6};则数组元素的值是 5;定义二维数组 char name[][100]={"王晓芳","李晓华","张晓伟"};则 puts(name[2]);的输出结果是________。

(3) 定义数组 int a[ ]={0,1,2,3,4,5,6};则数组 a 有________个元素,元素的值是 5。

(4)定义数组 char ch[100]="abc";用命令 printf("________",ch);或者 puts();命令输出 abc 字符串。

(5)定义数组 char x[12]="china";则 sizeof(x)的值是;定义数组 char str[100]={"abcd\0xyz"};则 puts(str);的输出结果是________。

3. 程序分析题

(1) 下列程序的功能是什么?

```
#include "stdio.h"
main()
{
int i,j,a[10] = {2,5,7,3,1,0,9,6,8,4},t;
for(i = 0;i< = 9;i ++ )
      for(j = i;j< = 9;j ++ )
         if (a[j]>a[i])
            {t = a[i];a[i] = a[j];a[j] = t;}
for (i = 0;i< = 9;i ++ )
printf(" % 6d",a[i]);
putchar('\n');
}
```

(2) 下列程序是对数组10个元素逆序存放后输出。请改错。

```
#include "stdio.h"
main()
{
int a[10] = {12,23,34,45,56,67,89,98,87,76},i,t;
for(i = 0;i< = 9;i++)
{
    t = a[i];
    a[i] = a[10 - i];
    a[10 - i] = t;
}
printf("\n逆序存放后输出为:\n");
for(i = 0;i< = 9;i++)
    printf(" %6d",a[i]);
printf("\n");
}
```

(3) 下列程序是矩阵a左上角至右下角对角线元素之和。请对程序填空。

已知 a[4][4] = {1,2,3,4,5,6,7,8,9,10,11,12,13,14,15,16};

```
#include "stdio.h"
main()
{
int i,j,s = ;
int a[4][4] = {1,2,3,4,5,6,7,8,9,10,11,12,13,14,15,16};
for(i = 0;i<4;i++)
    for(j = 0;j<4;j++)
        {
            if()
            s = ;
    }
printf("对角线元素之和为:%d\n",s);
}
```

(4)下列程序的执行结果是什么?

```
#include <stdio.h>
main()
{
int i,j,m;
int a[4][4] = {1,2,3,4,5,6,7,8,9,10,11,12,13,14,15,16};
m = a[0][0];
for(i = 0;i<4;i++)
    for(j = 0;j<4;j++)
    {
    if(m<a[i][j])
```

```
        m = a[i][j];
      }
      printf("m = %d\n",m);
      }
```

(5) 下列程序的功能是什么?

```
#include <stdio.h>
void main()
{
 char string[81];
 int i,num = 0,word = 0;
 char c;
 gets(string);
 for (i = 0;(c = string[i])! = '\0';i ++ )
     if(c == '') word = 0;
 else if(word == 0)
     {   word = 1;
         num ++ ;
     }
  printf("There are %d words in theline.\n",num);
               }
```

4. 编程题

(1) 输入10个整数存放到一维数组中,求其最大元素及其下标。

(2) 输入10个同学的C语言成绩,并存放到一维数组中,求总分和平均分并输出(保留2位小数)。

(3) 有一个n行n列的二维数组,使该数组的左下三角元素中的值全部置成0,按行输出该二维数组的值。

(4) 有一个m行n列的二维数组,求出该数组中每列的最小值存入一个一维数组中,并输出该一维数组的值。

(5) 数组s中存放了n个数据,将下标为k的元素删除。

(6) 编写C语言程序:输入一串字符,逆序输出。

(7) 将一个字符串中的空格用字符'*'替换。例如:原来的字符串为"How are you!",替换为"How*are*you!"。

单元 7　函　　数

函数是 C 语言编程中的重要内容，在解决很多实际问题中，函数是程序中最常见的编程模块，也是人们解决复杂问题的方式之一。C 语言的函数用于实现某些特定的功能，在程序需要时直接调用，可以大量减少编写重复代码的工作量，提高编程效率。

学习任务：

- ✧ 掌握函数的定义及其调用。
- ✧ 掌握函数的参数知识。
- ✧ 掌握函数嵌套、递归的知识。
- ✧ 掌握函数自定义的知识。
- ✧ 掌握函数与数组间的知识。
- ✧ 掌握局部变量和全局变量的概念。

学习目标：

- ✧ 理解函数的定义、函数的声明。
- ✧ 理解函数参数的值和地址传递。
- ✧ 熟练并运用函数的调用。
- ✧ 能够综合运用函数知识，编写 C 语言程序来解决实际问题。

任务一　函数的基本概念

任务描述：

学习函数的定义。

【实例 1】　利用函数的定义，编写一个函数，实现在屏幕上输出一行信息的功能。

实例说明：

自定义两个函数，一个用于输出相应信息，一个用于输出星号，并将信息输出到屏幕上。运行结果如图 7-1 所示。

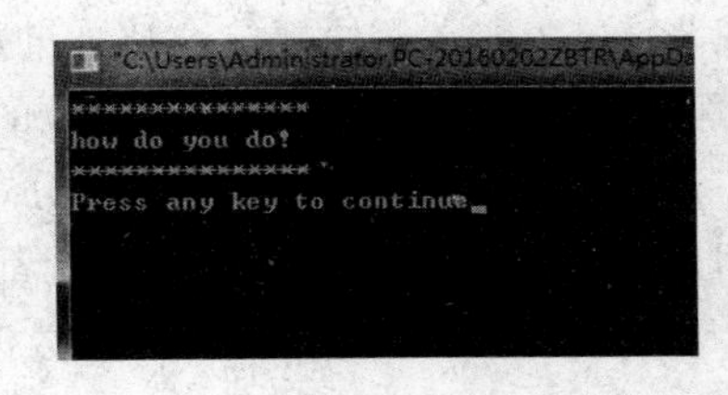

图 7-1　函数基本概念实例运行结果

知识要点：

通过本实例的练习，让学生掌握函数的基本概念、函数的定义格式、自定义函数的声明，以及在编程过程中如何调用函数，实现模块化程序设计。下面介绍一下函数的相关知识点。

C语言程序是由函数构成的，函数是组成C语言程序的基本单位。例如每个程序都有一个main()函数，还有常用的printf()、scanf()函数等。一个源程序文件由一个或多个函数组成，其中必须有且仅有一个main()函数。通过对函数的调用来实现特定的功能。C语言函数可以分为库函数、用户自定义函数。库函数由系统提供，用户只需要使用，无须定义。而用户自定义函数需要由用户根据具体的程序自己设计定义、编写，然后通过函数调用功能来实现各种操作。

函数定义：把相关的语句组织起来，并给它们注明相应的名称，利用这种方法把程序分块，这种形式的组合就称为函数。

函数的作用：任务分解，代码复用，信息隐藏。

函数使用的意义：程序模块化，使程序开发更容易管理。

函数定义的一般格式：

(1) 定义有参函数的一般格式

```
函数类型  函数名(形式参数列表)                /*函数的首部*/
{                                            /*函数体*/
  声明部分
  执行部分
}
```

(2) 定义无参函数的一般格式

```
          [函数类型]函数名(  )
          {
  声明部分
  执行部分
          }
```

说明：

(1) 函数的定义由函数首部和函数体两部分组成。

(2) 函数首部：主要用于声明函数类型、函数名称及其参数(如果有的话)。

(3) 函数类型：即函数返回值的数据类型，可以是基本数据类型，也可以是构造类型。如果省略默认为int，如果没有返回值，定义为void类型。

(4) 函数名：给函数所起的名称，需符合C语言对标识符的规定，由字母、数字或下划线组成。

(5) 函数名后面的括号内是参数列表，无参函数没有参数，但函数名后面的括号"()"不可以省去，这是格式的规定。比如前面案例程序中使用的函数printstar()，就是无参函数，参数列表为空。参数列表说明参数的类型和形式参数的名称，各个参数之间用","分隔。

(6) 函数体：是函数的主体部分，在函数首部下面一对花括号扩起来的部分。一般包括声明部分和执行部分。当这两部分都没有时，称为空函数，空函数没有任何实际意义。

(7) 声明部分：主要用于对函数体内所使用的变量、自定义函数等的声明。

(8) 执行部分：由若干条语句组成的命令序列，用于完成数据的操作功能。

实现过程：

```
#include <stdio.h>
printstar()                    //自定义函数 printstar,无参函数
{
   printf("*************** \n");
}
printmessage()
{
   printf("how do you do! \n");
}
main()
{
  printstar();                 //调用函数 printstar
  printmessage();              //调用函数 printmessage
  printstar();
}
```

程序说明：该程序有三个函数：main()，printstar()，printmessage()，均为无参函数，函数的调用在主函数中进行。C 语言程序的执行从 main 函数开始，调用其他函数后，流程回到 main 函数，main 函数结束整个函数的运行。由主函数调用其他函数，其他函数也可以互相调用，但不能调用 main 函数。

【实例 2】 自定义函数，求圆的面积，要求圆的半径由键盘输入。

实例说明：

通过使用前面章节所学的知识求圆的面积可以直接在主函数中进行，这里要求自定义一个函数 area()，在 area 函数中实现求圆的面积的功能，area 函数的功能是独立的，同时 area 函数是一个有参函数，而圆的半径要求由键盘输入，说明针对不同的半径，可以多次调用函数求其相应的面积。程序执行的结果如图 7-2 所示。假设输入圆的半径 $r=5$。

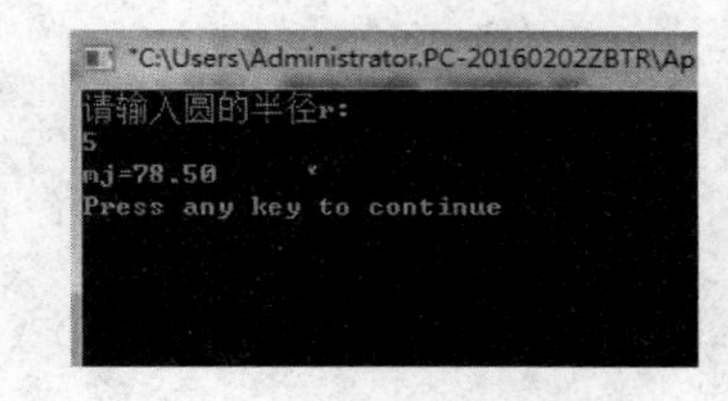

图 7-2　求圆面积程序运行结果界面

知识要点： 自定义函数的定义和声明，有参函数参数值的传递，函数的返回值。

函数的返回值

函数的值(或称函数返回值)是指函数被调用之后，执行函数体中的程序段所取得的并返回给主调函数的值。

从函数返回类型的角度，又可以把函数分为两类：一类为有返回值函数，一类为无返回值函数。

1. 函数返回值与返回语句

有参函数的返回值只能通过 return 语句返回主调函数。return 语句的一般形式为：

```
return 表达式;
```

或

```
return(表达式);
```

或

```
return;
```

（1）对于前两种语句，其功能是计算表达式的值，并返回给主调函数。第三种形式中，return语句不含表达式，它的作用只是使流程返回到主调函数，并无返回值。当return语句不含表达式并且位于函数末尾时可以省略，此时函数体后的大括号执行返回功能。

（2）在函数中允许有多个return语句，但每次调用只能有一个return语句被执行，因此只能返回一个函数值。

函数值的类型和函数定义中函数的类型应保持一致。如果两者不一致，则以函数类型为准，自动进行类型转换。

如函数值为整型，在函数定义时可以省去类型说明。

2. 无返回值函数

不返回函数值的函数，可以明确定义为“空类型”，类型说明符为“void”。

实现过程：

```
#include "stdio.h"
#define PI  3.14
float cycle_area(float r);                    //自定义函数的声明
main( )
{
    float  bj,mj;                             //函数的形式参数
    printf("请输入圆的半径 r:\n");
    scanf("%f",&bj);
    mj=cycle_area(bj);                        //调用求圆面积函数
    printf("mj=%.2f\n",mj);
}
float cycle_area(float r)                     //自定义函数的定义,含有实参 r
{
    float area;
    area=PI*r*r;
    return(area);
}
```

在以上实例中定义了函数cycle_area(float r)，其功能是求圆的面积。

函数的头部为　float cycle_area(float r)

表明函数返回值类型为float型，函数返回值类型可以是除了数组、函数以外的任何合法的数据类型，如int、double、char等类型，以及后面要学习的指针、结构体类型等。

cycle_area为自定义函数的名称。该函数有一个参数r，为float型。如果有多个形参，它们之间则以逗号隔开（如【实例7-3】中形参a、b、c），其作用是指出每个形参的类型和形参的名称，当调用函数时，接受来自主调函数的数据，确定各参数的值。

在C语言中，所有的函数都是平等、独立的，在定义函数时是分别进行的。函数在定义时不允许嵌套，即一个函数的函数体内不能再定义另一个函数。一个函数的定义，可以放在程序中的任何位置，比如在main()函数之前或之后。

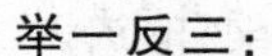

举一反三：

（1）运用函数的知识编写程序调用函数比较两个数的大小。

（2）运用函数的基本知识，自定义函数，编写程序求柱体的体积。

（3）运用函数的知识，编写程序求三个数中的最大值。

任务二　函数参数

任务描述：

函数参数在函数调用时，起着关键作用，理解函数参数形参与实参之间的对应关系。

【实例 3】 自定义一个函数求三角形的面积，三角形的三边由键盘输入。

实例说明：

利用有参函数的定义，实现函数中实参与形参之间值的传递，并对内容进行输出。具体：从键盘输入 3 个实数 3、4、5 作为三角形三边的值，然后调用函数 tri_area 求出三角形的面积，此处根据海伦公式求三角形面积。运行结果如图 7-3 所示。

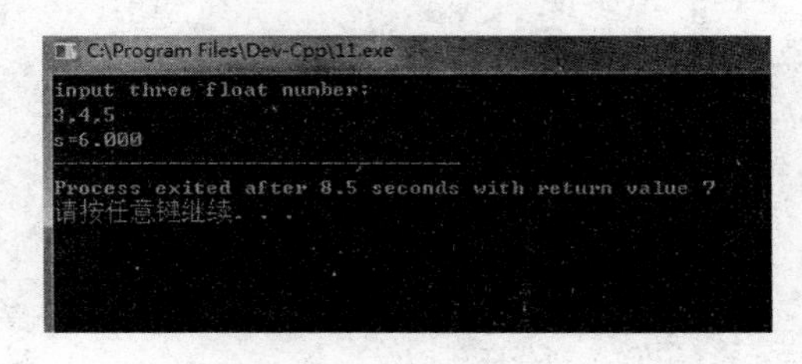

图 7-3　求三角形面积程序运行结果图

知识要点：

通过本实例的练习，学习函数中的参数的运用，并通过函数中形参、实参之间的值传递或地址传递完成相应的功能。

C 语言中，函数的参数分为形参和实参。

实际参数：调用函数时，函数名后面括弧中的参数称为“实际参数”（简称实参）；

形式参数：定义函数时，函数名后面括弧中的参数称为“形式参数”（简称形参）。

形参和实参的功能是作数据传送。发生函数调用时，主调函数把实参的值传送给被调函数的形参从而实现主调函数向被调函数的数据传送。

函数的形参和实参具有以下特点：

形参变量只有在被调用时才分配内存单元，在调用结束时，即刻释放所分配的内存单元。因此，形参只有在函数内部有效。函数调用结束返回主调函数后则不能再使用该形参变量。

实参可以是常量、变量、表达式、函数等，无论实参是何种类型的量，在进行函数调用时，它们都必须具有确定的值，以便把这些值传送给形参。因此应预先用赋值，输入等办法使实参获得确定值。

实参和形参在数量上，类型上，顺序上应严格一致，否则会发生类型不匹配”的错误。

函数调用中发生的数据传送是单向的。即只能把实参的值传送给形参，而不能把形参的值反向地传送给实参。因此在函数调用过程中，形参的值发生改变，而实参中的值不会变化。

实现过程：

```
#include"stdio.h"
#include "math.h"
float  tri_area(float a,float b,float c);            /*声明 tri_area 函数*/
main()
{
   float b1,b2,b3,s;
  printf("input three float number:\n");
  Scanf("%f,%f,%f",&b1,&b2,&b3);
  if(b1+b2>b3&&b2+b3>b1&&b1+b3>b2)
      { s=tri_area(b1,b2,b3);                        /*调用 tri_area 函数*/
       printf("s=%.2f",s);
      }
  else
    printf("输入的三边不能构成三角形!!")
}
float tri_area(floata,float b,float c)               /*定义 tri_area 函数*/
{
float mj,p;
p=(a+b+c)/2.0;
mj=sqrt(p*(p-a)*(p-b)*(p-c));
return(mj);
}
```

tri_area 函数的功能为求三角形的面积，因此定义函数时需要三个参数 a、b、c，此时它们没有具体的值，是形式上的参数。

在主函数中调用 tri_area 函数求三角形的面积时，首先判断输入的三边 b1、b2、b3 能否构成三角形，如果能构成三角形，则程序调用 tri_area 函数，此时需要给出具体的值，以实际参数 b1、b2、b3 对应于形参，将其具体的值传递给形参 a、b、c，从而求得三角形面积。

【实例 4】 实参与形参之间的数据传递。以下程序通过调用 swap 函数，交换主函数中变量 x 和 y 中的数据。实参形参数据传递值的变化，如图 7-4 所示。

```
#include“stdio.h”
void swap(int a,int b)
{
    int t;
    printf("a=%d  b=%d",a,b);
    t=a;a=b;b=t;
    printf("a=%d  b=%d",a,b);
}
```

```
main()
{
  int   x = 10,y = 20;
  printf("x = %d  y = %d",x,y);
  swap(x,y);
  printf("x = %d  y = %d",x,y);
}
```

程序运行结果如图 7-5 所示。

x 10　y 20
a 10　b 20
调用swap时
x 10　y 20
a 20　b 10
调用swap中
x 10　y 20
调用swap后

图 7-4　实参形参数据传递值的变化

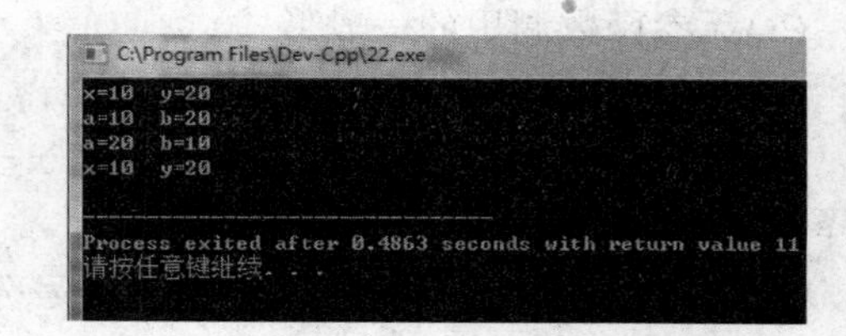

图 7-5　实参形参数据传递运行结果

结论:参数的传递是单向的,即只能由实参传给形参,在被调用函数中对形参的改变不影响实参的值。

举一反三:

(1) 编写一函数采用参数形式,求三个数中最大者。

(2) 编写程序,利用自定义函数,计算长方形的面积,其中函数 calPerimeter 的功能用于计算长方形的面积。

任务三　函数调用

任务描述:

在程序中是通过对函数的调用来执行函数体,其过程类似于调用子程序。理解对被调函数的声明,如何调用一个函数,主调函数和被调函数之间如何进行数据传递。

【实例 5】　编写程序,利用自定义函数实现求 $n!$。

实例说明:本程序定义一个函数 fact(),用于求函数的阶乘,在该实例中,注意函数的定义,函数的声明,函数的调用,具体某个整数的阶乘,该整数的值由键盘输入。运行结果如图 7-6 所示。

知识要点:

函数在定义完成后,就可以对该函数进行调用了。

```
C:\Program Files\Dev-Cpp\21.exe
input a integer n:
5
1!+2!+3!+...+5!=120
--------------------------------
Process exited after 6.085 seconds with return value 20
请按任意键继续. . .
```

图 7-6　求 n 的阶乘

1. 函数调用的一般形式为

(1) 有参函数调用的一般形式

```
函数名(实参列表);
```

(2)无参函数调用的一般形式

```
函数名();
```

说明:① 实参与形参必须个数相等,一一对应,且类型一致。如果类型不一致,C 语言编译程序将按赋值兼容的规则进行转换。

② 实参表列中若有多个实参,则以逗号分隔。

③ 实参表求值顺序,依系统而定(Trubo C、Visual C++均按自右向左的顺序进行)。

2. 函数调用的方式

在 C 语言中,可以用以下几种方式调用函数。

(1) 函数表达式

函数作为表达式中的一项出现在表达式中,以函数返回值参与表达式的运算。这种方式要求函数是有返回值的。

例如:c=max(a,b) * 2 是一个赋值表达式,把调用函数 max 的返回值的 2 倍赋予变量 c。

(2) 函数语句

函数调用的一般形式末尾加上分号即构成函数语句,不要求函数带返回值,只要求函数完成一定的操作。

```
例如:printf("%d",a);
     scanf("%d%d",&a,&b);
```

都是以函数语句的方式调用函数。

(3) 函数参数

函数作为另一个函数调用的实际参数出现。这种情况是把该函数的返回值作为实参进行传送,因此要求该函数必须是有返回值的。

```
例如:printf("%d",max(a,b));
```

把 max 调用的返回值又作为 printf 函数的实参来使用。

实现过程:

1. main()在被调函数 fact()之前

```
#include <stdio.h>
```

```
main()
{
    int n;
    long p;
    long fact(int);                          //函数声明
    scanf("%d",&n);
    p=fact(n);                               //函数调用
    printf("\n%ld",p);

}
long fact(int m)                             //函数定义
{
    int i;
    long s=1;
    for(i=1;i<=m;i++)
    s*=i;
    return s;                                //函数返回
}
```

结论:被调函数在后,需在主调函数中先声明后调用。

2. 主调函数在被调函数之后

```
long fact(int m)                             //函数定义
{
    int i;
    long s=1;
    for(i=1;i<=m;i++)
    s*=i;
    return(s);
}
main()
{
    int n;                                   //不需函数声明
    long p;
    scanf("%d",&n);
    p=fact(n);                               //函数调用
    printf("\n %ld",p);
}
```

结论:被调函数先于主调函数被编译,因此在编译主调函数时已知被调函数的类型等信息。故不需函数声明。

【实例 6】 编写函数实现:用选择法对 n 个整数排序。编写主函数实现数据的输入与输出。

实例说明:

对于主程序,可以设计如下的算法。

s1:输入一批数据(个数为 n),存入到一维数组 a;

s2:调用函数 sort(),对一维数组中的数据按从小到大的顺序排序;

s3:输出数组 a 中的各元素。

函数 sort()的编写:

首先,确定函数类型:void。

其次,确定参数:一维数组的首地址,数据的个数共 2 个。

最后,编写函数体,实现排序。

程序运行结果如图 7-7 所示。

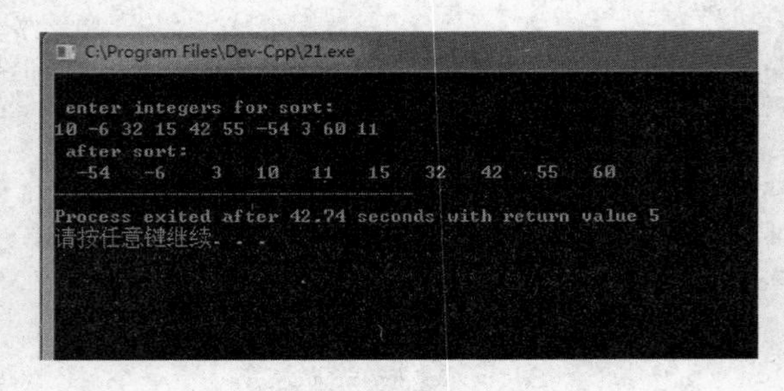

图 7-7 整数排序程序运行结果

知识要点:

数组,for 循环的嵌套,if 语句,逻辑表达式,函数的调用。

实现过程:

```
#include"stdio.h"
#define N 10
main()
{
    int a[N],i;
    void sort(int b[],int n);
    printf("\n enter integers for sort:\n");
    for(i=0;i<N;i++)
        scanf("%d",&a[i]);
    sort(a,N);
    printf(" after sort:\n");
    for(i=0;i<N;i++)
        printf("%5d",a[i]);
}

void sort(int b[],int n)
{
     int i,j,t,k;
     for(i=1;i<=n-1;i++)
      {
         k=0;
         for(j=1;j<=n-i;j++)
```

```
        if(b[k]<b[j])k = j;
        t = b[k];b[k] = b[n - i];b[n - i] = t;
    }
}
```

任务四　数组作为函数参数

任务描述：

掌握数组作为函数参数的基本使用方式。

【实例 7】（数组元素作为函数参数）判别一个整数数组中各元素的值，若大于 0 则输出该值，若小于等于 0 则输出 0 值。

实例说明：

本程序中首先定义了一个无返回值函数 pdz，并说明其形参 x 为整型变量。在函数体中根据 x 值输出相应的结果。在 main 函数中定义一个整型数组 a，并用一个 for 循环语句输入数组各元素，每输入一个就以该元素作为实参调用一次 pdz 函数，即把 a[i]的值传送给形参 x，供 pdz 函数使用。程序运行结果如图 7-8 所示。

知识要点：

数组可以作为函数的参数使用，进行数据传送。

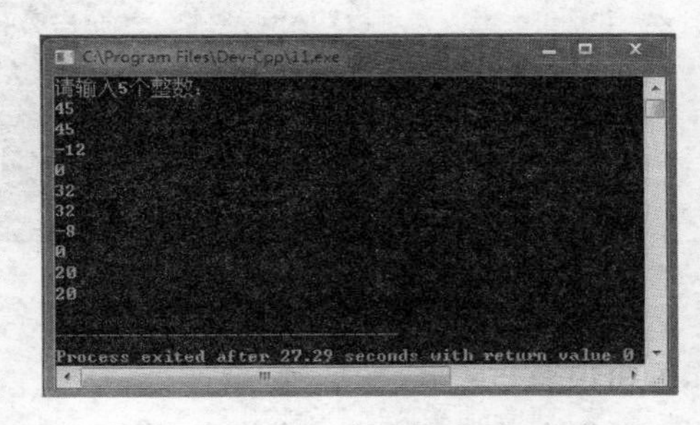

图 7-8　数组作为参数运行结果界面

数组用作函数参数有两种形式，一种是把数组元素（下标变量）作为实参使用；另一种是把数组名作为函数的形参和实参使用。

数组元素作函数实参，数组元素就是下标变量，它与普通变量并无区别。因此它作为函数实参使用与普通变量是完全相同的，在发生函数调用时，把作为实参的数组元素的值传送给形参，实现单向的值传送。

实现过程：

```
#include <stdio.h>
void pdz(int x)
{
  if(x>0)
    printf("%d",x);
  else
    printf("%d",0);
}
int main(void)
{
   int a[5],i;
```

```
        printf("请输入5个整数:\n");
        for(i=0;i<5;i++)
            {
            scanf("%d",&a[i]);
            pdz(a[i]);
            }
        return 0;
}
```

【实例8】 (数组名作为函数参数)数组a中存放了一个学生5门课程的成绩,求平均成绩。

实例说明:

数组名作函数参数是数组作函数参数最常见的形式。本程序首先定义了一个实型函数aver,有一个形参为实型数组a,长度为5。在函数aver中,把各元素值相加求出平均值,返回给主函数。主函数main中首先完成数组sco的输入,然后以sco作为实参调用aver函数,函数返回值送av,最后输出av值。从运行情况可以看出,程序实现了所要求的功能。该实例中,数组名作函数参数时所进行的传送只是地址的传送,也就是说把实参数组的首地址赋予形参数组名。形参数组名取得该首地址之后,也就等于有了实在的数组。

程序运行结果界面如图7-9所示。

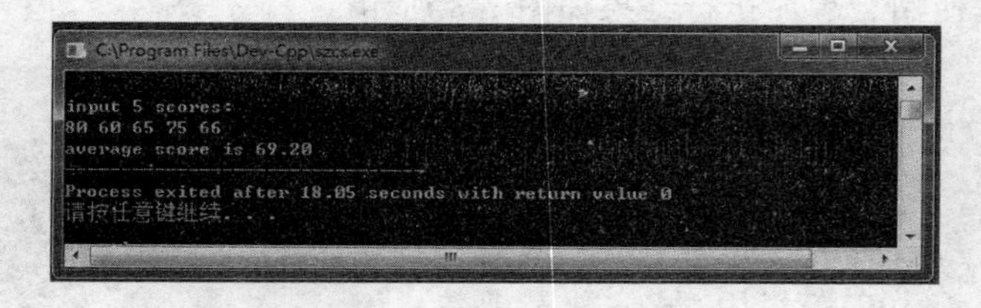

图7-9 数组名作为参数运行结果界面

知识要点:

数组名作参数,此时实参与形参都应用数组名。函数调用时是将实参数组的地址传给对应的形参数组,此时实参数组与形参数组为同一地址单元,因此,函数中在形参数组上所作的所有操作均是在对应实参数组上完成的。

实现过程:

```
#include <stdio.h>
float aver(float a[5])
{
    int i;
    float av,s=a[0];
    for(i=1;i<5;i++)
        s=s+a[i];
        av=s/5;
    return av;
}
int main(void)
```

```
{
    float sco[5],av;
    int i;
    printf("\ninput 5 scores:\n");
    for(i=0;i<5;i++)
        scanf("%f",&sco[i]);
    av=aver(sco);
    printf("average score is %5.2f",av);
    return 0;
}
```

举一反三:

(1) 编写函数实现将数组元素按从小到大的顺序排序,主函数从键盘输入 10 个整数存入数组,调用函数后输出数组的元素。

(2) 用数组名作为函数参数,编写一个比较两个字符串 s 和 t 大小的函数 strcomp(s,t),要求 s 小于 t 时返回－1,s 等于 t 时返回 0,s 大于 t 时返回 1。

(3) 在一个一维数组 a 中存放 10 个正整数,求其中所有的素数。(用数组元素作为函数的实际参数)

任务五　函数的嵌套

任务描述:

编写 C 语言程序,实现计算正整数 n 的阶乘之和。在编写该程序时,理解函数嵌套调用的使用方法。

【实例 9】 编写 C 语言程序,实现计算 sum＝1! ＋2! ＋3! ＋…＋(n－1)! ＋n!。

实例说明:

可以编写两个函数,一个用于计算阶乘,一个用来计算每一个阶乘的累加和。在编写程序时要注意阶乘的和非常大,如果定义为整数型,容易溢出,故将 sum 变量定义为 long 型。程序运行的结果如图 7-10 所示。

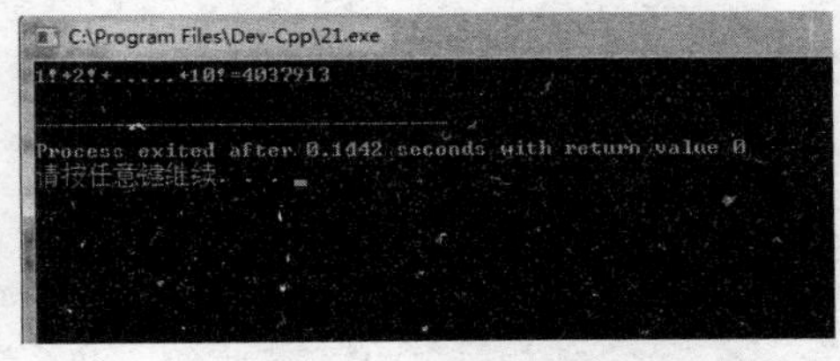

图 7-10　求阶乘的和运行结果界面

知识要点:

C 语言中不允许作嵌套的函数定义。各函数之间是平行的,不存在上一级函数和下一级函数的问题,C 语言允许在一个函数的定义中出现对另一个函数的调用。这样就出现了函数的嵌套调用。即在被调函数中又调用其他函数。

比如学生成绩管理系统中,主函数 main()调用了函数 menu(),在 menu 函数中又调用了 xscjlr()函数,xscjcx()函数等,它们之间是逐级调用、逐级返回的。它们之间的嵌套调用关系如图 7-11 所示。

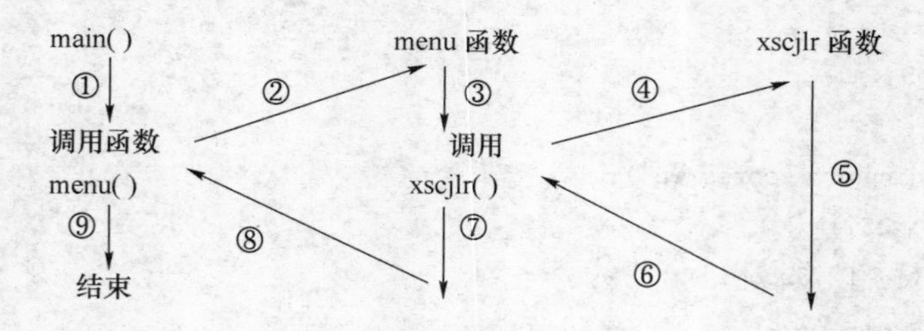

图 7-11　函数嵌套调用示意图

图 7-11 所示的是两层嵌套的函数调用，若算上主函数 main()，则共有三层函数，具体执行的过程如下：

(1) 执行 main()函数开始的程序模块。

(2) 遇到调用函数 menu()的语句，转去执行 menu()函数。

(3) 从 menu()函数的首部开始执行。

(4) 在 menu()函数中，有若干个分支函数可供选择，若选择学生成绩录入函数 xscjlr()，执行程序转去执行 xscjlr()函数。

(5) 从 xscjlr()函数的首部开始执行，如果无其他嵌套的函数，则流程一直执行到 xscjlr()的最后一条语句。

(6) xscjlr()函数执行完毕后，流程跳出 xscjlr()函数，返回到 menu()函数中调用 xscjlr()的那条语句处，从该条语句向下开始执行，继续执行 menu()函数中尚未执行完的部分，直到将 menu()函数全部语句执行完毕。

(7) 流程返回到 main()函数调用 menu()函数那条语句处，从这条语句的下一条语句开始，继续执行 main()尚未完成的部分，直到将 main()函数全部语句执行完毕。

实现过程：

```
#include <stdio.h>
long jiechen(int n)                    //求阶乘
{
    int i;
    long b = 1;
    for(i = 1;i< = n;i ++ ){
    b * = i;
     }
return b;
}
long sum(long n){                      //求阶乘的和，返回值为 long 型
    int i;
    long b = 0;
    for(i = 1;i< = n;i ++ ){
    b + = jiechen(i);                  //嵌套调用
    }
    return b;
}
```

```
int main(){
printf("1! +2! +…+10! = %d\n",sum(10));
return 0;
}
```

【实例 10】 设计一个出租车费用计算器。某市的出租车白天运价 3 千米以内 10 元,超过 3 千米后 2 元/千米;夜间(晚 22 时至次日早 6 时)运价 3 千米以内 12 元,超过 3 千米后 2.1 元/千米;夏季空调车运价 3 千米以内 11 元,超过 3 千米后 2.2 元/千米。当出租车时速低于 15 千米时,累计计时每 3 分钟收费 1 元,不足 3 分钟不计费。程序运行结果如图 7-12 所示。

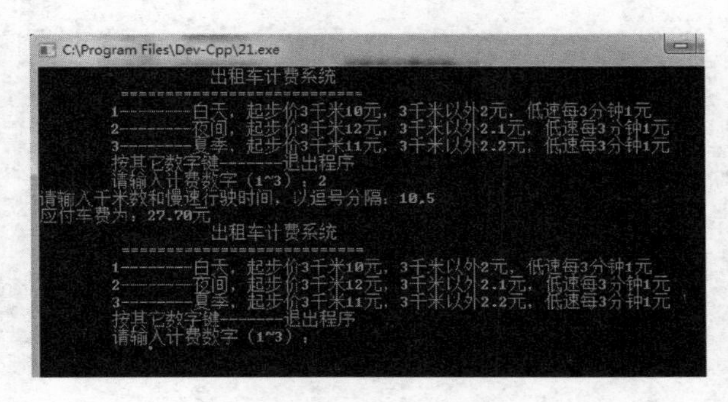

图 7-12　出租车费用计时器运行界面

实例说明:

计算器采用命令方式输入 1、2、3,分别选择白天、夜间和夏季空调 3 种情况,并且输入相应函数的参数进行计算。从键盘输入行车的里程数 mile 和慢速行驶时间 slow_time,输出应付的车费 fare。

实现过程:

```
#include "stdio.h"
void fare(int num);                                  //计费系统函数声明
main()
{
    int num;
   while(1)
   {
   printf("\t            出租车计费系统\n");
printf("\t ==============================\n");
  printf("\t1-------- 白天,起步价 3 千米 10 元,3 千米以外 2 元,低速每 3 分钟 1 元\n");
  printf("\t2-------- 夜间,起步价 3 千米 12 元,3 千米以外 2.1 元,低速每 3 分钟 1 元\n");
  printf("\t3-------- 夏季,起步价 3 千米 11 元,3 千米以外 2.2 元,低速每 3 分钟 1 元\n");
  printf("\t 按其他数字键 ------- 退出程序\n");
  printf("\t 请输入计费数字(1～3):");
  scanf("%d",&num);
  if(num==1||num==2||num==3)
      fare(num);
```

```
  else
     break;
   }
 }
void  fare(int num)                   //计费函数定义
{
float day_fare(void);
float night_fare(void);
float aircon_fare(void);
switch(num)
{
  case 1:printf("应付车费为：%.2f 元\n",day_fare());
  break;
  case 2:printf("应付车费为：%.2f 元\n",night_fare());
  break;
  case 3:printf("应付车费为：%.2f 元\n",aircon_fare());
  break;
}
}
float day_fare()                      //白天计费函数定义
{
  float mile,fare;
  int time;
printf("请输入千米数和慢速行驶时间,以逗号分隔:");
scanf("%f,%d",&mile,&time);
if(mile<=3.0)  fare=10+time/3;
else fare=10+(mile-3.0)*2.0+time/3;
return (fare);
}
float night_fare()                    //夜间计费函数定义
{
float mile,fare;
int time;
printf("请输入千米数和慢速行驶时间,以逗号分隔:");
    scanf("%f,%d",&mile,&time);
    if(mile<=3.0)  fare=12+time/3;
    else fare=12+(mile-3.0)*2.1+time/3;
    return (fare);
}
float aircon_fare()                   //夏季计费函数定义
{
  float mile,fare;
  int time;
```

```
    printf("请输入千米数和慢速行驶时间,以逗号分隔:");
    scanf("%f,%d",&mile,&time);
    if(mile<=3.0)  fare=11+time/3;
      else fare=11+(mile-3.0)*2.2+time/3;
    return (fare);
}
```

说明:本实例用户共定义了4个函数,它们之间是相互独立的,程序从main函数开始执行,在调用fare()时,该函数进一步调用其他3个具体计费函数,构成函数的嵌套调用。

举一反三:

(1) 编写C语言程序求解完全数问题。一个数如果恰好等于它的因子之和,这个数就称为"完全数",例如6的因子为1、2、3,则6=1+2+3,因此6是一个完全数,求100以内的所有完全数。(分析:程序中判断一个数n是否完全数,需要分为两个步骤完成:第一步求出n所有的因子及其和s;第二步判断各个因子之和s是否等于n,如果两者相等则该数n是完全数,否则n就不是完全数)。

(2) 打印出1000以内的所有"水仙花数",所谓"水仙花数"是指一个三位数,其各位数字的立方和等于该数本身。例如:153=1×1×1+5×5×5+3×3×3。

任务六　函数递归

任务描述:

通过函数的递归调用,理解在递归调用中,主调函数又是被调函数。执行递归函数将反复调用其自身,每调用一次就进入新的一层。例如有函数fun如下:

```
int  fun(int x){
    int y;
    z=fun(y);
    return z;
    }
```

这个函数是一个递归函数,但是运行该函数将无休止的调用其自身,原因没有使该函数结束的条件。为了防止递归调用无休止地进行,必须在函数内有终止递归调用的条件。常用的办法是加条件判断,满足某种条件后就不再作递归调用,然后逐层返回。函数递归的使用看下面实例。

【实例11】 猜年龄。有五个人坐在一起,问第五个人多少岁,他说比第四个人大两岁;问第四个人岁数,他说比第三个人大两岁;问第三个人,又说比第二个人大两岁;问第二个人,说比第一个人大两岁。最后问第一个人,他说是十岁。请问第五个人多大?

实例说明:

要想知道第五个人岁数,需要知道第四个人岁数;要想知道第四个人岁数,需要知道第三个人岁数;以此类推,推到第一人,他说是十岁,再往回推。

步骤:(1) 定义函数calculation(n)用来计算第n个人的年龄,第n个人的年龄calculation(n)＝calculation(n－1)＋2，函数的一个返回值是计算的第 n 个人的年龄。当 $n=5$ 时，计算第五个人的年龄。

（2）编写主函数 main()，由键盘输入整数 $n=5$。

（3）调用 calculation()函数，计算第 n 个人的年龄。

（4）输出计算结果。

程序运行结果如图 7-13 所示。

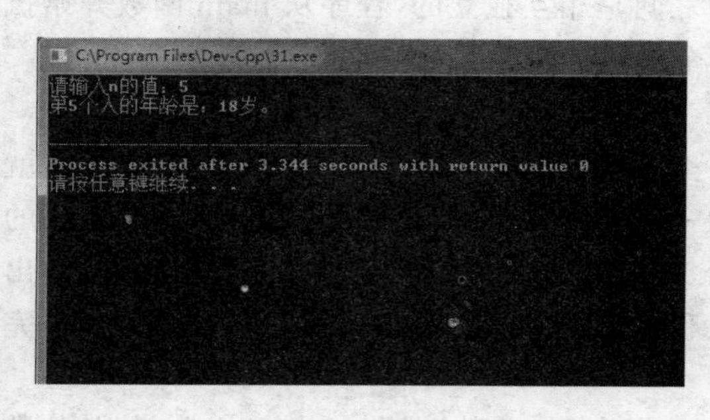

图 7-13　猜年龄程序运行结果

知识要点：

1. 递归定义

在调用一个函数的过程中调用该函数本身，称为函数的递归调用。递归调用简称递归。程序中的递归方式有两种，直接递归调用和间接递归调用，直接递归调用就是直接调用本身，间接递归调用就是间接调用本身。

2. 递归的分类

数值问题：可以表达为数学公式问题，如求非负整数 n 的阶乘、求斐波那契数列的第 n 项、求两个整数的最大公约数等。

非数值问题：其本身难以用数学表达的问题，如著名的汉诺塔问题、八皇后问题等。

3. 递归函数设计的一般步骤

编写递归程序有两个要点：一是要找到正确的递归算法，这是编写递归程序的基础；而是要确定递归算法的结束条件，这是决定递归程序能否正常结束的关键。

编写递归函数有三步：

（1）找到递归函数的迭代公式；

（2）确定递归函数的终止条件；

（3）将(1)、(2)翻译成代码。下面我们以求 $n!$ 为例说明编写递归函数的步骤。

实现过程：

```
#include "stdio.h"
int calculation(int n)
{
int result;
if(n==1)                                  //递归结束条件
   result=10;
else
   result=calculation(n-1)+2;             //函数的递归调用
return result;
}
int main()
{
     int calculation(int n);
     int n;
```

```
    int age;
    printf("请输入 n 的值:");
    scanf("%d",&n); age = calculation(n);
    printf("第%d个人的年龄是:%d岁。\n",n,age);
    return  0;
}
```

在本例中的函数 calculation()是一个递归函数,在第 8 行进行了递归调用。设 age 表示年龄,则有如下表示:

$$age\begin{cases}10, n=1\\ age(n-1)+2, n>1\end{cases}$$

在式子中,$n=1$ 时给 age 变量赋值 10,作为递归结束的条件。

【实例 12】 汉诺塔问题:有三根柱子 A、B、C,A 上有 64 个盘子,盘子大小不等,大的在下,小的在上。要求把这 64 个盘子从 A 移动到 C 上,在移动过程中可以借助 B,每次只允许移动一个盘子,且在移动的过程中三根柱子上都保持大盘在下,小盘在上。

实例说明:

将 n 个盘子从 A 移动到 C 可分解为以下三步:

(1) 将 A 上 $n-1$ 个盘子借助 C 先移到 B 上;

(2) 把 A 上剩下的一个盘子移动 C 上;

(3) 将 B 上 $n-1$ 个盘子借助 A 移到 C 上。

以上三步可以分为两类操作

(1) 将 $n-1$ 个盘子从一个柱子移动到另一个柱子,这是一个递归过程;

(2) 将 1 个盘子从一个柱子移到另一个柱子上。

程序运行结果如图 7-14 所示。

```
C:\Program Files\Dev-Cpp\31.exe
input the number of disk:
3
the step to moving 3 disk:
A,C
A,B
C,B
A,C
B,A
B,C
A,C

Process exited after 3.781 seconds with return value 4
请按任意键继续. . .
```

图 7-14 汉诺塔问题程序运行结果

知识要点:

if 语句,逻辑表达式,函数递归调用。

实现过程:

```
#include <stdio.h>
void move(char getone,char putone)
{
    printf("%c,%c\n",getone,putone);
    }
void  Hanoi(int n,char one,char two,char three)
{
    if(n==1)  move(one,three);
    else
{
    Hanoi(n-1,one,three,two);
    move(one,three);
    Hanoi(n-1,two,one,three);
```

```
        }
    }
    main()
    {
        int m;
        printf("input the number of disk:\n");
        scanf("%d",&m);
        printf("the step to moving %d disk:\n",m);
        Hanoi(m,'A','B','C');
    }
```

上面用 hanoi 函数实现第一类操作，用 move 函数实现第二类操作。Hanoi(n,one,two,three)表示将 *n* 个盘子从 one 柱借助 two 柱移到 three 柱上。move(getone,putone)表示将一个盘子从 getone 柱移到 putone 柱上。

任务七　局部变量和全局变量

任务描述：

局部变量和全局变量在程序中的作用域是不同的，变量的作用域与其定义语句在程序中出现的位置有直接的关系，理解局部变量和全局变量在实例中的作用域。

【实例 13】 输入 10 个同学 5 门课的成绩，分别用函数求：(1)每个学生的平均分；(2)每门课的平均分；(3)找出最高分所对应的学生和课程。

```
C:\Program Files\Dev-Cpp\31.exe
score:
  41  67  34   0  69
  24  78  58  62  64
   5  45  81  27  61
  91  95  42  27  36
  91   4   2  53  92
  82  21  16  18  95
  47  26  71  38  69
  12  67  99  35  94
   3  11  22  33  73
  64  41  11  53  68
第1个学生的平均分: 42.200001
第2个学生的平均分: 57.200001
第3个学生的平均分: 43.799999
第4个学生的平均分: 58.200001
第5个学生的平均分: 48.400002
第6个学生的平均分: 46.400002
第7个学生的平均分: 50.200001
第8个学生的平均分: 61.400002
第9个学生的平均分: 28.400000
第10个学生的平均分: 47.400002
第1门课程的平均分: 46.000000
第2门课程的平均分: 45.500000
第3门课程的平均分: 43.599998
第4门课程的平均分: 34.599998
第5门课程的平均分: 72.099998
第8个同学的第3门课程为最高分: 99

--------------------------------
Process exited after 0.6698 seconds with return value 33
请按任意键继续. . .
```

图 7-15　程序运行结果界面

实例说明：

对于本题，需要设置三个函数，分别是：学生平均分函数 void ave_stu()，该函数无返回值，通过全局数组实现；课程平均分函数 void ave_cour()，该函数无返回值，通过全局数组实现；最高分函数 int highest()，该函数有返回值，返回最高分。

在本程序中，需要用到的全局变量有 5 个：学生每门课成绩 float score[10][5]，学生平均分数组 float a_stu[10]，课程平均分数组 float a_cour[5]，最高分对应的同学 inti，最高分对应的课程 int j。

程序运行的结果如图 7-15 所示。

知识要点：

for 循环嵌套，数组，if 语句，逻辑表达式，函数调用，函数的局部变量和全局变量，函数的存储类别。

在该实例中除了上述的知识要点外，还有函数的局部变量和全局变量，变量的存储类型。

1. 局部变量

在一个函数内定义的变量。其使用范围在定义该变量的函数内部。C 语言中，在一下位置定义的变量均属于局部变量。

在函数体内定义的变量，在本函数范围内有效，作用域局限于函数体内。

在复合语句内定义的变量，在本复合语句范围内有效，作用域局限于复合语句内。

有参函数的形式参数也是局部变量，只在其所在的函数范围内有效。

比如，下面程序中的变量 x，y，i 均属局部变量。

```
long f(int x)
{
    int y = 1,i;
    for(i = 1;i< = x;i ++ )
        y = y * i;
    return y;
}
```

2. 全局变量

全局变量也称为外部变量，在函数外定义，可为本文件内的所有函数共用。它不属于哪一个函数，它属于一个源文件。

有效范围：从定义变量的位置开始到本源文件结束。

比如，下面程序中变量 a＝3，b＝5 为全局变量，在整个文件中都起作用。而 max、main 中的 a，b 均为局部变量。

```
int a = 3,b = 5;
int max(int a,int b)
{
    int c;
    c = a>b? a:b;
    return c;
}
main()
{
    int a = 8;
    printf(" % d",max(a,b));
}
```

若全局变量与局部变量同名，则全局变量被屏蔽。应尽量少使用全局变量，因为：

(1) 全局变量在程序全部执行过程中始终占用存储单元。

(2) 降低了函数的通用性，可靠性，可移植性。

(3) 降低程序的清晰性，容易出错。

3. 变量的存储类别

C 语言中对变量的存储类型有 auto，extern，register，static 这四种，存储类型说明了该变量要在进程的哪一个段中分配内存空间。

(1) auto 存储类型：auto 只能用来标识局部变量的存储类型，对于局部变量，auto 是默认的存储类型，不需要显式的指定。如函数中的形参和在函数中定义的变量(包括复合语句中定义的变量)，都属于此类。

(2) static 存储类型：被声明为静态类型的变量，无论是全局的还是局部的，都存储在数据区中，其生命周期为整个程序，如果是静态局部变量，其作用域为一对{}内，如果是静态全局变量，其作用域为当前文件。静态变量如果没有被初始化，则自动初始化为 0。静态变量只能够初始化一次。

(3) register 存储类型：声明为 register 的变量在由内存调入到 CPU 寄存器后，则常驻在 CPU 的寄存器中，因此访问 register 变量将在很大程度上提高效率，因为省去了变量由内存调入到寄存器过程中的好几个指令周期。

(4) extern 存储类型：一个 extern 变量被定义后，就被分配了固定的内存空间，并且可以被任何一个程序中的所有函数使用，因此外部变量实质上是全局变量，其作用域是整个程序，但如果引用时有同名变量，则只有内部变量起作用。

实现过程：

```
#include <stdio.h>
#include <math.h>
int score[10][5];
float a_stu[10];
float a_cour[5];
int I,J;                                    //全局变量
void main()
{
   void ave_stu();
   void ave_cour();
   int highest();
   int i,j,max;                             //局部变量
   float var;
   for(i=0;i<10;i++)
      for(j=0;j<5;j++)
       score[i][j]=rand()%100;
    printf("score:\n");
    for(i=0;i<10;i++)
    {
      for(j=0;j<5;j++)
         printf("%4d",score[i][j]);
      printf("\n");
    }
  ave_stu();
```

```
  for(i = 0;i<10;i ++ )
    printf("第 %d 个学生的平均分：%f\n",i + 1,a_stu[i]);
  ave_cour();
   for(j = 0;j<5;j ++ )
      printf("第 %d 门课程的平均分：%f\n",j + 1,a_cour[j]);
    max = highest();
printf("第 %d 个同学的第 %d 门课程为最高分：%d\n",I + 1,J + 1,max);
}
extern int score[10][5];                    //学生平均分函数 ave_stu.c
extern float_stu();
void ave_stu()
{
  int i,j,sum;
  for(i = 0;i<10;i ++ )
  {
    sum = 0;
  for(j = 0;j<5;j ++ )
    sum = sum + score[i][j];
   a_stu[i] = (float)sum/5;
   }
}
extern int score[10][5];                    //课程平均分函数 ave_cour.c
extern float a_cour[5];
void ave_cour()
{
   int i,j,sum;
   for(j = 0;j<5;j ++ )
   {
      sum = 0;
      for(i = 0;i<10;i ++ )
          sum = sum + score[i][j];
      a_cour[j] = (float)sum/10;
    }
}
extern int score[10][5];                    //最高分函数 highest.c
extern int I,J;
int highest()
{
   int i,j,max;
   max = score[0][0];
   I = 0;
   J = 0;
   for(i = 0;i<10;i ++ )
```

```
        for(j = 0;j<5;j++)
        if(score[i][j]>max)
          {
            max = score[i][j];
            I = i;
            J = j;
          }
      return(max);
}
```

举一反三：

(1) 仿照实例编写C语言程序，求解猴子吃桃问题：一只猴子摘了一些桃子，它第一天吃掉了其中的一半后再多吃了一个，第二天照此规律又吃掉了剩下桃子的一半加一个，以后每天如此，直到第十天早上，猴子发现只剩下一个桃子了，求桃子第一天总共摘了多少个桃子。(提示：假设第 n 天吃完后剩下的桃子数为num(n)，第 $n+1$ 天吃完后剩下的桃子数为num($n+1$)，则存在这样的递推关系：num(n)＝2 * (num($n+1$)＋1))，因此可以通过递归函数方法实现。)

(2) 用递归法计算 $n!$

$$n! = \begin{cases} n * n(-1)!, (n>1) \text{迭代公式(递归形式)} \\ 1! = 1, (n=0,1) \text{递归边界(终止条件)} \end{cases}$$

(3) 用递归法求Fibonacci数列的前 n 项和。

Fibonacci数列的定义如下：

fib(1)＝1， fib(2)＝1   (n＝1,2)

fib(n)＝fib(n－1)＋fib(n－2)   (n>2)

单元总结：

本单元主要围绕函数基本概念、函数的参数、函数调用、函数的嵌套和递归以及局部变量和全局变量等内容进行讲解，通过本单元实例的学习，读者应该能够对模块化程序设计有一个清楚地理解和认识，为实际编程中代码的简化、优化打下基础。

单元考核：

1. 选择题

(1) 若在C语言中未说明函数的类型，则系统默认该函数的数据类型是(　　)。

A. char　　B. float　　C. int　　D. long

(2) 函数调用语句“f((e1,e2),(e2,e4,e5));”中参数的个数是(　　)。

A. 1　　B. 2　　C. 4　　D. 5

(3) C语言中函数的隐含存储类型是(　　)。

A. auto　　B. static　　C. extern　　D. register

(4) 实参和形参之间的数据是(　　)传递。

A. 地址　　B. 值　　C. 互传　　D. 用户指定

(5) C 语言中函数返回值的类型是由(　　)决定。

A. return 语句中的表达式类型

B. 调用函数的主调函数类型

C. 调用函数时临时

D. 定义函数时所指定的函数类型

(6) 定义一个 void 型函数意味着调用该函数时,函数(　　)。

A. 通过 return 返回一个用户所希望的函数值

B. 返回一个系统默认值

C. 没有返回值

D. 返回一个不确定的值

(7) C 语言规定,程序中各函数之间(　　)。

A. 既允许直接递归调用也允许间接递归调用

B. 不允许直接递归调用也不允许间接递归调用

C. 允许直接递归调用不允许间接递归调用

D. 不允许直接递归调用允许间接递归调用

(8) 若程序中定义函数:

```
float myadd(float a, float b) { return a + b;}
```

并将其放在调用语句之后,则在调用之前应对该函数进行说明。以下说明中错误的是(　　)。

A. float myadd(float a,b);

B. float myadd(float b, float a);

C. float myadd(float, float);

D. float myadd(float a, float b);

(9) 下面程序段运行后的输出结果是(　　)(假设程序运行时输入 5,3 后按 Enter 键)。

```
int a, b;
  void swap( )
  {
int t;
    t = a; a = b; b = t;
  }
  main()
  {
scanf("%d,%d", &a, &b);
    swap( );
    printf ("a=%d,b=%d\n",a,b);
  }
```

A. a=5,b=3　　B. a=3,b=5　　C. 5,3　　D. 3,5

(10) 以下程序运行后的输出结果是(　　)。

```
fun(int a, int b)
{
```

```
  if(a>b)  return a;
else  return b;
}
main()
{
  int x=3,y=8,z=6,r;
r=fun(fun(x,y),2*z);
printf("%d\n",r);
}
```

A. 3　　B. 6　　C. 8　　D. 12

(11) 以下程序的正确运行结果是(　　)。

```
#inclued<stdio.h>
main()
{
  int k=4,m=1,p;
  p=func(k,m);
  printf("%d",p);
  p=func(k,m);
  printf("%d\n",p);
}
func(int a,int b)
{
    static int m=0,i=2;
    i+=m+1;
    m=i+a+b;
    return (m);
}
```

A. 8,17　　B. 8,16　　C. 8,20　　D. 8,8

(12) 以下程序输出的结果是(　　)。

```
#include <stdio.h>
main()
{int i,j,x=0;
for(i=0;i<2;i++)
{
x++;
   for(j=0;j<=3;j++)
      {
      if(j%2)
         continue;
         x++;
      }
}
```

```
printf("x = %d\n",x);
}
```

A. x=4　　B. x=8　　C. x=6　　D. x=12

(13) 下面程序的运行结果是(　　)。

```
long fib(int n)
 { if(n>2)
        return(fib(n-1)+fib(n-2));
    else
        return(2);
  }
main( )
{
    printf("%d\n",fib(3));
}
```

A. 2　　B. 4　　C. 6　　D. 8

(14) 下面程序运行的结果是(　　)。

```
fun(int x, int y, int z)
    {  z = x * x + y * y; }
main()
{
    int a = 31;
    fun(5,2,a);
    printf("%d",a);
}
```

A. 0　　B. 29　　C. 31　　D. 无定值

(15) 下面程序的运行结果是(　　)。

```
int add(int x,int y)
  { int m;
    m = x + y;
    return(m);
  }
main()
{
    int k = 4, m = 1;
    n = add (k,m);
    printf("%d\n",n);
}
```

A. 5　　B. 2　　C. 1　　D. 6

(16) C 语言的函数(　　)。

A. 可以嵌套调用,不能递归调用

B. 可以嵌套定义

C. 既可以嵌套调用,也可以递归调用

D. 不可以嵌套调用

(17) 有参函数的返回值,是通过函数中的(　　)语句来获得的。

A. return　　B. printf　　C. scanf　　D. 函数说明

(18) 一个函数的形式参数的作用域是(　　)。

A. main()主函数　　B. 这个函数体

C. 从定义处到文件尾　　D. 整个程序

(19) 定义内部函数时,必须使用的关键字是(　　)。

A. return　　B. void　　C. extern　　D. static

(20) C 语言规定,程序中各函数之间(　　)。

A. 既允许直接递归调用也允许间接递归调用

B. 不允许直接递归调用也不允许间接递归调用

C. 允许直接递归调用不允许间接递归调用

D. 不允许直接递归调用允许间接递归调用

(21) 有以下程序:

```
#include <stdio.h>
void fun(int s[ ]);
 void main()
{
    int a[ ] = {1,2,3,4,5,6},k;
    fun(a);                       //数组作参数
    for(k = 0;k< = 5;k ++ )
    printf(" %d",a[k]);
    printf("\n");
 }
void fun(int s[ ])
 {
    int i = 0;
while(i<3)
 {
    s[i] = s[i] + 5;
    i ++ ;
 }
 }
```

程序的输出结果是(　　)。

A. 1 2 3 4 5 6　　B. 6 7 8 9 10 11

C. 6 7 8 4 5 6　　D. 6 7 8 9 5 6

(22) 若用数组名作为函数调用的实参,则传递给形参的是(　　)。

A. 数组的首地址　　B. 数组的第一个元素的值

C. 数组中全部元素的值　　D. 数组元素的个数

2. 填空题

(1) 斐波那契数列的中的前两个数是 0 和 1,从第三个数开始,每个数等于前两个数的和，即：0，1，1，2，3，5，8，13，21，…。下面程序是求斐波那契数列的前 20 项，请补全程序。

```
#include <stdio.h>
void main()
{
    int f,f1,f2,i;
    f1 = 0;
    f2 =
    printf("%d\n%d\n",f1,f2);
    for(i = 3;i< = 20;________)
    {
        f = ________;
        printf("%d\n",f);
        f1 = f2;
        f2 = ________;
    }
}
```

(2) 读下列程序，写出该程序的运行结果________。

```
int m = 14,n = 26;
max(int x,int y)
{
    int max;
    max = x>y? x:y;
    return(max);
}
main()
{
    int m = 32;
    printf("%d",max(m,n));
}
```

(3) 阅读下面程序，写出程序的运行结果。

```
fun(int p)
{
    int k = 1;
    static t = 2;
    k = k + 1;
    t = t + 1;
    return(p * k * t);
}
main()
{
    int x = 4;
    fun(x);
```

```
    printf("%d",fun(x));
}
```

(4) 对给定整型数组 x 中的 *n* 个数颠倒存放次序,请补全下面程序。

```
void inv(x,n)
int x[ ],n;
{
     int t,i,j,m=(n-2)/2;
     for(i=0;i<=m;i++)
     {
          j=n-i-1;
          t=x[i];
x[i]=x[j];
________;
     }
}
```

(5) 程序中的________上应填充的类型为

```
________ fun (int m)
{
    float t=1.0;
    int i;
    for(i=2;i<=m;i++)
t+=1.0/i;
return(t);
  }
```

(6) 以下函数判断整数 a 是否为素数,当 a 是素数时返回值 1,否则返回值 0。

```
#include  "math.h"
int  fact (________)
{
  int  i, k;
k = a-1;
for (i=2;i<=k;i++)
if (m%i= =0) break;
 if (i>=k+1)
return  1;
      else
         return  0;
}
```

(7) 下面定义的函数 add()的功能是计算形参 x、y 的和,然后由形参 z 传递回该和值。

```
void add(int x,int y, int *z)
{
    ________=x+y;
return;
```

```
}
```

(8) 以下程序的输出结果为：________。

```
    #include<stdio.h>
main()
    {
int x = 10,a = 2,b;
void fun1(),fun2();
v = x + a;
fun1(x, ++x);
fun2(a,x);
getch();
    }
    void fun1(int a,int b)
    {
        printf(" %d",x + y + a + b);
    }

    void fun2(int c,int d)
    {
        printf(" %d",x + y + z + c + d);
    }
```

(9) 分析下面的程序，并写出运行结果。

```
#include <stdio.h>
int s(int x,int y);
main()
{
  int x,y,n;
  x = 1;
  y = 2;
  n = s(x,y);
  printf("x = %d,y = %d,n = %d",x,y,n);
}
int s(int x,int y)
{
   int z;
   x = 3;
   y = 4;
   z = x + y;
   return(z);
}
```

(10) 读下面的程序，写出程序的运行结果。

```
void fun(int a,int b,int c)
```

```
{
   a = 456;
   b = 567;
   c = 678
}
main()
{
   int x = 10,y = 20,z = 30;
   fun(x,y,x);
   printf(" %d, %d, %d\n",z,y,x);
}
```

(11) 下面程序能够统计主函数调用 count 函数的次数(用字符 # 作为结束输入的标志),请在________处填入正确的内容。

```
main()
{
   char ch;
   while(________)
   {
      scanf(" %1s",&ch);
      count(________);
      if(________)  break;
   }
}
count(char c)
{
    static int i = 0;
    i++;
    if(_____)
    printf("count = %d\n",i);
}
```

(12) 以下程序实现了计算 x 的 n 次方,请将程序填写完整。

```
  float power(float x,int n)
{
   int i;
   float t = 1;
for(i = 1;i< = n;i++)
 t = t * x;
________;
}
  main( )
  {
     float x,y;
```

```
  int n;
    scanf("%f,%d",&x,&n);
    y=power(x,n);
    printf("%8.2f\n",y);
}
```

(13) 读下面的程序,写出程序的运行结果。

```
    #include <stdio.h>
    int fun(int x)
    {
int y;
if(x==0||x==1) return(3);
         y=x*x-fun(x-2)  return y;
         }
         main()
         {
int x,y;
x=fun(3);
         y=fun(4);
printf("%d, %d\n", x ,y);
       }
```

3. 编程题

(1) 编写一个函数,函数的功能是求出所有在正整数 m 和 n 之间能被 5 整除,但不能被 3 整除的数并输出,其中 $m<n$。在主函数中调用该函数求出 100～200 之间,能被 5 整除、但不能被 3 整除的数。

(2) 编写一个求 $1-n$ 内的奇数和的函数,在 main()函数中输入 n,然后调用该函数求 $1-n$ 的奇数和并输出。

(3) 写一个函数,判断某一个四位数是不是玫瑰花数(所谓玫瑰花数即该四位数各位数字的四次方和恰好等于该数本身,如:1634=14+64+34+44)。在主函数中从键盘任意输入一个四位数,调用该函数,判断该数是否为玫瑰花数,若是则 输出"yes",否则输出"no"。

(4) 请用自定义函数的形式编程实现,求 $s=m!+n!+k!$,m、n、k 从键盘输入(值均小于 7)。

(5) 请用自定义函数的形式编程实现求 10 名学生 1 门课程成绩的平均分。

单元 8　指　　针

指针是 C 语言中广泛使用的一种数据类型。运用指针编程是 C 语言最主要的风格之一。利用指针变量可以表示各种数据结构；能很方便地使用数组和字符串；并能像汇编语言一样处理内存地址，从而编出精练而高效的程序。指针极大地丰富了 C 语言的功能。学习指针是学习 C 语言中最重要的一环，能否正确理解和使用指针是我们是否掌握 C 语言的一个标志。

学习任务：

- ✧ 掌握指针的基本概念及应用。
- ✧ 掌握指针与数组的知识。
- ✧ 掌握指针与字符串的知识。
- ✧ 掌握指针与函数的知识。
- ✧ 掌握指针数组的知识。

学习目标：

- ✧ 熟练使用指针编程，从而编出精练而高效的程序，达到能解决实际问题的能力。

任务一　指针的基本概念

任务描述：

学习指针变量的定义、存储、初始化及指针的相关运算。

【实例 1】　利用指针指向一个变量并输出该变量的值(这是一个熟悉基本概念的实例)。

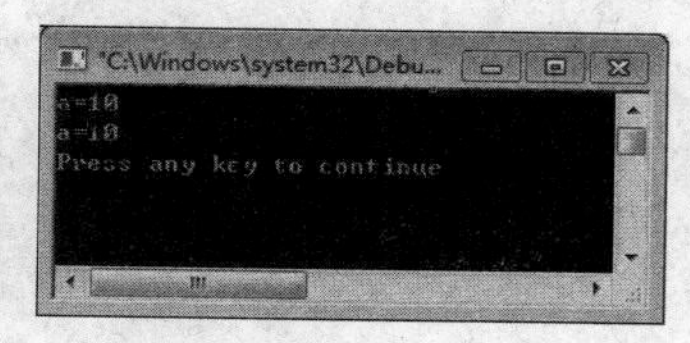

图 8-1　【实例 1】的运行结果

实例说明：

编程设计通过地址(指针)引用输入 1 个整数，并将该数输出到屏幕上。运行结果如图 8-1 所示。

知识要点：

通过本实例的练习，让学生掌握指针的基本概念、通过指针引用变量的值、空指针作用等知识，以及在编程过程中如何运用指针操作数据。

(1) 指针的基本概念

计算机中的所有数据都是按照一定顺序存放在存储器中的。一般把存储器中的一个字节称为一个内存单元(亦称存储单元),不同数据类型的值所占用的内存单元数亦不同。为了正确地访问这些内存单元,必须为每个内存单元编上号。根据一个内存单元的编号即可准确地找到该内存单元。内存单元的编号也称地址,通常也把这个地址称为指针。

(2) 指针变量的定义

类型说明符　　＊指针变量名;

其中,＊为说明符,表示这是一个指针变量;指针变量名为用户自定义标识符;类型说明符表示该指针变量所指向的变量的数据类型。

例如:

```
int  *p;
```

该定义表示 p 是一个指针变量,它的值是某个整型变量的地址,或者说 p 指向一个整型变量。至于 p 究竟指向哪一个整型变量,应由向 p 赋予的地址来决定。

例如:

```
float *q;          //q是指向浮点型变量的指针变量
char  *c;          //c是指向字符型变量的指针变量
```

应该注意的是,一个指针变量只能指向同类型的变量,如 q 只能指向浮点型变量,不能时而指向一个浮点型变量,时而又指向一个字符型变量。

(3) 指针变量的赋值

指针变量同普通变量一样,使用之前不仅要定义说明,而且必须赋予具体的值。同时,指针变量的赋值只能赋予地址,决不能赋予任何其他数据,否则将引起错误。在 C 语言中,初始变量的地址是由编译系统分配的,对用户完全透明,用户不知道变量的具体地址。在定义指针变量时,指针变量的值是随机的,不能确定它具体的指向,必须为其赋值,才有意义。

C 语言中提供了地址运算符"&"来表示变量的地址。其一般形式为:

& 变量名

如"&a"表示变量 a 的地址,在变量 a 本身预先说明或定义的条件下,p=&a 表示将 a 的地址赋给指针变量 p。指针 p 与变量 a 的关系如图 8-2 所示。

(4) 通过指针引用变量的值,需要用取内容运算符"＊",其结合性为自右至左,用来表示指针变量所指的变量。在"＊"运算符之后跟的变量必须是指针变量。

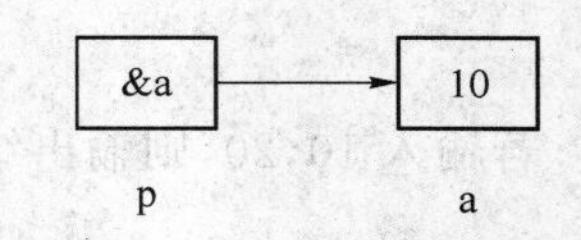

图 8-2　指针与变量的关系

(5) 空指针是一个特殊的值,C 语言为指针类型的变量专门定义一个空值,将空值赋给一个指针变量后,说明该指针变量的值不再是不定值,是一个有效的值,但并不指向任何空变量。空指针写作 NULL,数值为 0。

注意:指针运算符"＊"和指针变量说明中的指针类型说明符"＊"含义不同。在指针变量说明中,"＊"是类型说明符,表示其后的变量是指针类型,而表达式中出现的"＊"则是一个运算符,用以表示指针变量所指的变量。指针变量可以进行某些运算,但其运算的种类是有限的:它只能进行赋值运算和部分算术及关系运算。

实现过程：

```
#include  "stdio.h"
void  main()
{
    int  a = 10;                    //定义整型变量 a 并赋值
    int * p;                        //定义指针变量 p，* 是指针类型说明符
    p = &a;                         //将 a 的地址赋给指针变量 p
    printf("a = %d\n",a);           //输出 a 的值
    printf("a = %d\n", * p);        //输出 a 的值，* 是指针运算符，用来表示指针变量所指的变量
```

程序说明：在定义指针变量 p 后，利用指针变量 p 取得整型变量 a 的地址，并在最后的输出中，利用指针变量获取变量 a 的值进行输出。

指针变量之间也可以相互赋值，即把一个指针变量的值赋予指向相同类型变量的另一个指针变量。例如：

```
int  a, * pa = &a, * pb;
pb = pa;                            //把 a 的地址赋予指针变量 pb
```

由于 pa，pb 均为指向整型变量的指针变量，因此可以相互赋值。

【实例 2】 从键盘输入两个整数，按由大到小的顺序输出（这是一个可以提高基础技能的实例）。

实例说明：

以前使用两个变量存放两个整数，这里使用指向两个变量的指针处理问题，通过指针引用两个变量。在程序中，当执行赋值操作 p1＝&a 和 p2＝&b 后，指针 p1、p2 指向了变量 a、b，这时引用指针 * p1 与 * p2，就代表了变量 a 与 b，如图 8-3 所示。

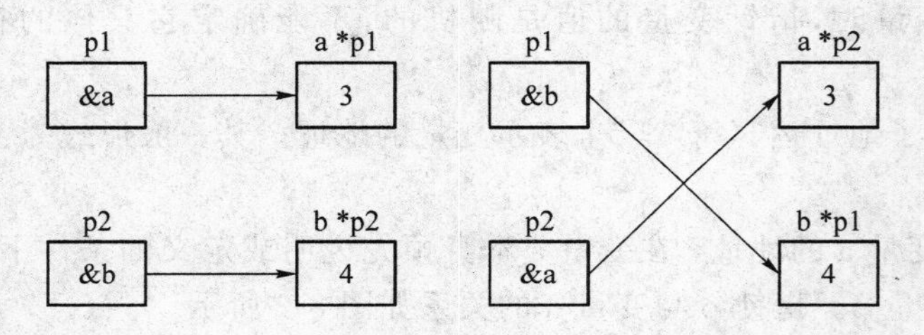

图 8-3 通过指针比较变量 a、b 的大小

若输入 10，20，则输出结果是 20，10，如图 8-4 所示。

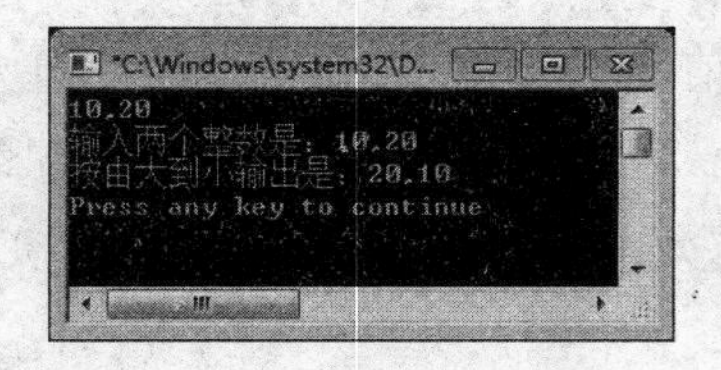

图 8-4 【实例 2】的运行结果

知识要点：

变量交换值、简单排序、通过指针引用变量的值。

实现过程：

```
#include  "stdio.h"
void  main( )
{
  int *p1,*p2,a,b,t;                //定义指针变量与整型变量
  scanf("%d,%d" , &a , &b);
  printf("输入两个整数是：%d,%d\n",a,b);
  p1 = &a;                          //使指针变量指向整型变量
  p2 = &b;
  if (*p1 < *p2)
   {
     //交换指针变量指向的整型变量值
  t =   *p1;
        *p1 = *p2;
        *p2 = t;
   }
  printf("按由大到小输出是：%d,%d\n" , a , b);
}
```

举一反三：

(1) 运用指针的知识求两数之和，并输出结果。

(2) 定义 2 个整型变量，并任意输入 2 个整数，输出这两个变量中的整数，然后通过指针交换这两个变量的值，并输出。

(3) 运用指针的知识，求三个数中的最大值。

任务二　指针与一维数组

任务描述：

指针和数组有着密切的关系，任何能由数组下标完成的操作也都可用指针来实现，但程序中使用指针可使编程代码更紧凑、更灵活。

【实例 3】 掌握指针与一维数组的关系（这是一个熟悉基本概念的实例）。

实例说明：

利用指针变量访问数组各个元素，并对内容进行输出。具体：从键盘输入 5 个整数 0、1、2、3、4，然后将输入的 5 个整数输出，运行结果如图 8-5 所示。

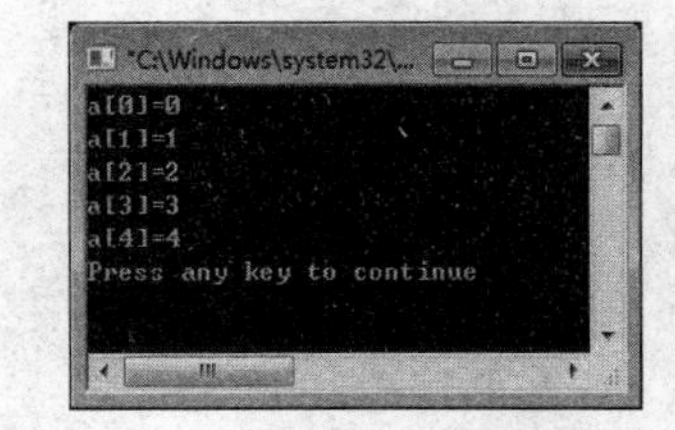

图 8-5　【实例 3】的运行结果

知识要点：

通过本实例的练习，学习数组的指针和指向数组的指针变量，并通过指针引用数组中的元素。

一个数组是由连续的一块内存单元组成的，数组名就是这块连续内存单元的首地址。一个数组也是由各个数组元素(下标变量)组成的,每个数组元素按数据类型的不同占有几个连续的内存单元。一个指针变量既可以指向一个数组,也可以指向一个数组元素。如果要使一个指针变量指向一个数组,可把数组名或第一个元素的地址赋予它;如果要使指针变量指向某个数组的第 *n* 个元素,可以把该数组第 *n* 个元素的地址赋予它或把数组名加 *n* 赋予它。

指针变量进行加减算术运算的意义是指针指向的当前位置(指向某个数组元素)向前或向后移动 *n* 个位置。对于指向数组的指针变量,可以进行整数类型的加减法运算。设 p 是指向数组 a 的指针变量,则 p+n,p-n,p++,++p,p--,--p 运算都是合法的,当然,变量 *n* 只能为整型。

数组指针变量向前或向后移动一个位置和地址值加 1 或减 1 在概念上是完全不同的。如果指针变量加 1,表示指针变量移动 1 个位置指向下一个数据元素的首地址。而不是在原地址值的基础上真实地加数值 1。例如:

```
int a[5], * p;
p = a;                              //p 指向数组 a,也是指向数组元素 a[0]
p = p + 3;                          //p 指向数组元素 a[3],即 * p 的值为 a[3]
```

设有数组 a,指向 a 的同类型指针变量为 p,则通过对指针概念的理解就存在以下关系:

(1) p,a,&a[0]均指向同一单元,它们是数组 a 的首地址,也是数组元素 a[0]的地址。

(2) p+1,a+1,&a[1]均指向数组元素 a[1]。类似可知,p+i,a+i,&a[i]指向数组元素 a[i]。

指针 p 是变量,而 a,&a[i]都是常量,在编程时应予以注意。引入指针变量后,就可以使用两种方法来访问数组元素了。

实现过程:

(1) 指针法

```
#include  "stdio.h"
void main()
    {int a[5],i, * p;
p = a;                              //p 指向数组的首地址
for(i = 0;i<5;i++)                  //给数组的每个元素赋值
{scanf(" % d",p);                   //注意这里用 p,而不是 * p,因为 p 就是地址
p++;                                //p 指向数组的下一个相邻元素
 }
p = a;                              //重新使 p 指向数组 a 首地址
for(i = 0;i<5;i++)                  //输出数组的各个元素值
{printf("a[ % d] = % d\n",i, * p);  //注意这里用 * p,而不是 p,因为 * p 是 p 所指单元内容
p++;
 }
    }
```

(2) 下标法

下标法即用 a[i]形式访问数组元素,在前面章节介绍数组时采用的都是这种方法。

```
    #include  "stdio.h"
    void main()
```

```
    {int a[5],i;
for(i = 0;i<5;i++)                       //输入 5 个整数
{
        scanf(" % d",&a[i]);
}
for(i = 0;i<5;i++)                       //输出 5 个整数
{
  printf("a[ % d] = % d\n",i,a[i]);
 }
printf("\n");
}
```

结合实现过程方法一和方法二,需要说明:

(1) 程序中有两个 p=a 指令。因为在主函数中,当第一个循环结束后,指针 pa 已指向 a[4]后面一个单元,而后面需要重新对数组 a 进行引用,所以须重新使指针变量指向数组首地址。

(2) 在实现数组内容输出时,也可采用下面实现方法:

```
for(i = 0;i<5;i++)
  printf("a[ % d] = % d\n",i, * (p + i));
```

(3) 用指针表示数组元素的地址和内容。利用指针表示数组元素的地址和内容的形式主要有:

① p+i 和 a+i 均表示 a[i]的地址,或者讲,它们均指向数组第 i 个元素,即指向 a[i]。

② (p+i)和 *(a+i)都表示 p+i 和 a+i 所指对象的内容,即为 a[i]。

指针变量的加减运算只适用于指向数组的指针变量,对指向其他类型变量的指针变量作加减运算是毫无意义的,并容易导致灾难性的后果。

【实例 4】 在数组的第 i 个位置插入一个值为 x 的元素。(这是一个可以提高基础技能的实例)

实例说明:

(1) 需要判断定义的数组空间是否够用;(2)将 $a_n \sim a_i$ 之间的所有元素依次后移,为新元素让出第 i 个位置;(3)将新元素插入到第 i 个位置。在下面的数组中,若输入插入位置和数值分别是 5 和 89,运行结果如图 8-6 所示。

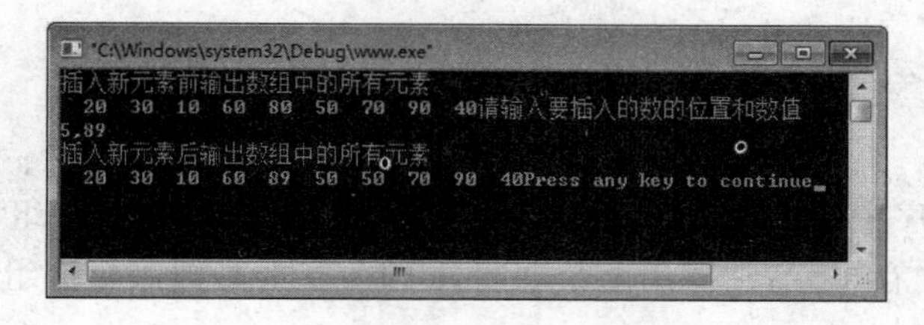

图 8-6 【实例 4】的运行结果

数组名即数组的首地址,实际参数传递的就是数组的首地址。将指针和数组名作为参数时的传递时,数组名结合指针作为函数的实参和形参,共有 4 种情况。

① 实参和形参都用数组名。例如：

```
main( )                     f(int b[ ], int n)
{                           {
  int a[5];                       …
{                           }
  f(a,5);
}
```

程序中的实参a和形参b都已定义为数组。函数调用时，传递的是a数组首地址。a和b数组共用一段内存单元，也可以说，在调用函数期间，a和b指的是同一个数组。

② 实参用数组名，形参用指针变量。例如：

```
main( )                     f(int *b, int n)
{                               {
int a[5];                       …
}
  f(a,5);
}
```

实参a为数组名，形参b为指向整型变量的指针变量，函数开始执行时，b指向a[0]，即b=&a[0]。通过改变b的值，可以指向a数组的任一元素。

③ 实参和形参都用指针变量。例如：

```
main( )                       f(int *b, int n)
{                             {
int a[5], *p;                      …
p=a;                          }
f(p,5);
}
```

实参p为指针变量，形参b为指向整型变量的指针变量。函数开始执行时，由于实参指针变量p的值传给了形参指针变量b，所以b指向a[0]，即b=&a[0]。通过改变b的值，同样可以指向a数组的任一元素。

④ 实参为指针变量，形参为数组名。例如：

```
main( )                     f(int b[ ], int n)
{                           {
int a[5], *p;                     …
p=a;                          }
f(p,5);
}
```

函数调用时，程序中的实参p将数组a的首地址传递给形参b数组，实际上也完成了a和b数组共用一段内存单元；在调用函数期间，a和b指的是同一个数组。

知识要点：

（1）体现程序模块化设计，主函数只负责数据的初始化、输入/输出，元素移动和插入元素操作由被调用函数完成。

（2）数组名即数组的首地址。

实现过程：

```
#include  "std io.h"
void insert(int a[],int i,int x);                          //函数声明
void main( )                                               //主函数,即主调函数
          {
  int a[10] = {20,30,10,60,80,50,70,90,40};
  int i,w,val, * p;
  printf("插入新元素前输出数组中的所有元素\n");
  for(p = a;p<a + 9;p ++ )
  printf(" % 4d", * p);
  printf("请输入要插入的数的位置和数值\n");
  scanf(" % d, % d",&w,&val);
  insert(a,w,val);
  printf("插入新元素后输出数组中的所有元素\n");
  for(p = a;p<a + 10;p ++ )
  printf(" % 4d", * p);
  }
  voidinsert(intb[],inti,intx)
  {
          //本例中数组空间够用
        int j;
  for(j = 8;j> = i;j -- )
  b[j + 1] =  b[j];
  b[j] =  x;
}
```

举一反三：

(1) 采用数组名表示的地址法输入/输出数组各元素。

(2) 利用指针法输入/输出数组各元素。

(3) 编写函数对一维整数数组的内容进行排序。

任务三　指针与二维数组

任务描述：

利用指针指向一维数组,并通过指针引用数组元素。利用指针也可以指向多维数组,任务三主要介绍利用指针指向二维数组及简单应用。

【实例 5】　分别用地址法和指针法输入/输出二维数组各元素(这是一个可以提高基础技能的实例)。

实例说明:定义一个 3×5 二维数组,并赋初值:

```
int a[3][5] = {{15,25,35,45,55},{65,75,85,95,105},{115,125,135,145,155}};
```

将这个数组中的所有元素按行输出。运行结果如图 8-7 所示。

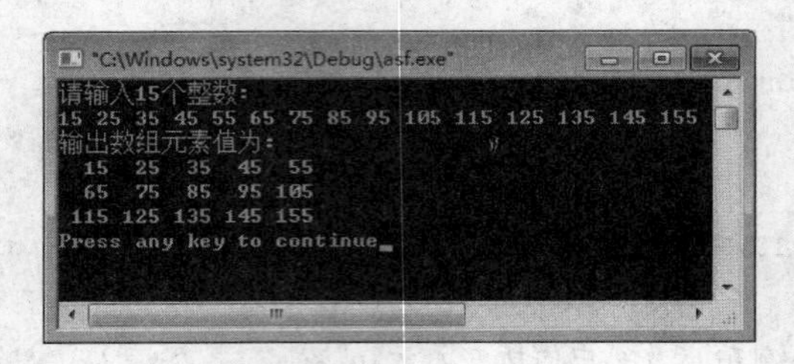

图 8-7 【实例 5】的运行结果

知识要点：

分析一下这个二维数组中存在的指针(地址)情况,如图 8-8 所示。

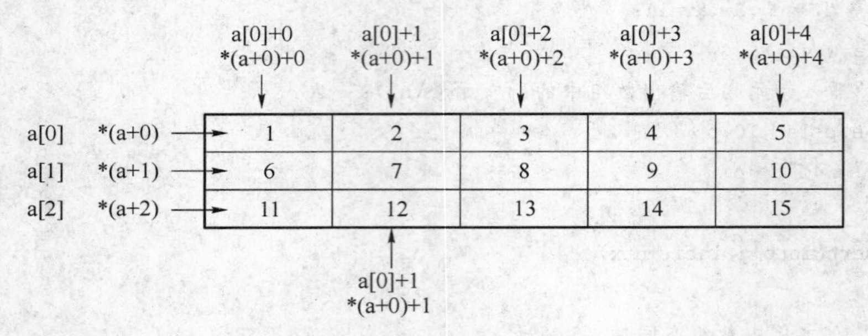

图 8-8 二维数组数据存放逻辑图

从图 8-8 中可以看出：

(1) 数组名 a 和 a[0]以及 *(a+0)都表示数组的首地址,也是数组第 0 行的首地址,所以有 a=a[0]= *(a+0)=&a[0][0]。

(2) a+1,a[1]和 *(a+1)表示第 1 行的首地址,即 a+1=a[1]= *(a+1)=&a[1][0]。同理第 m 行的首地址为 a+m=a[m]= *(a+m)=&a[m][0]。

(3) 第 0 行第 1 列的地址为 a[0]+1 或 *(a+0)+1。同理第 m 行 n 列的地址为 a[m]+n 或 *(a+m)+n,即 a[m]+n= *(a+m)+n=&a[m][n]。

(4) 结合地址和指针运算符"*",可以得到所谓的地址法表示的数组元素为 a[m][n]= *(*(a+m)+n)= *(a[m]+n)。

实现过程：

① 用地址法输入/输出二维数组各元素。

```
#include  "stdio.h"
void main( )
{
int a[3][5];
int i,j;
printf("请输入 15 个整数:\n");
for(i = 0; i<3; i++)
for(j = 0; j<5; j++)
scanf("%d",a[i]+j);                    //地址法
printf("输出数组元素值为:\n");
```

```
for(i = 0; i<3; i++)
{
for(j = 0; j<5; j++)
printf("%4d", *(a[i]+j));                //*(a[i]+j)是地址法所表示的数组元素
printf("\n");
}
}
```

也可以改为下面的程序，运行效果相同。

```
#include  "stdio.h"
void main( )
{
int a[3][5];
int i,j;
printf("请输入15个整数:\n");
for(i = 0; i<3; i++)
for(j = 0; j<5; j++)
scanf("%d",a[i]+j);                      // 地址法
printf("输出数组元素值为:\n");
for(i = 0; i<3; i++)
{
for(j = 0; j<5; j++)
printf("%4d", *(*(a+i)+j));              //*(*(a+i)+j)是地址法所表示的数组元素
printf("\n");
  }
}
```

② 用指针法输入/输出二维数组各元素。

```
#include<stdio.h>
void main( )
{
int a[3][5], *p;
int i,j;
ptr = a[0];
for(i = 0; i<3; i++)
for(j = 0; j< 5; j++)
scanf("%d", p++);                        //指针的表示方法
p = a[0];
for(i = 0; i<3; i++)
{
for(j = 0; j<5; j++)
printf("%4d", *p++);
printf("\n");
  }
}
```

在本例指针法实现输出数组元素的程序中，可以把二维数组看作展开的一维数组。

任务四　指针与字符串

任务描述：

C语言中没有专门存放字符串的变量，一个字符串可以存放在一个字符数组中，数组名表示该字符串第一个字符存放的地址，也可以将字符串的首地址赋给一个字符型指针变量，该指针变量便指向这个字符串。例如：

```
char  * str ;
str = "Happybirthdaytoyou!" ;
```

这里 str 被定义为指向字符型的指针变量，然后，将字符串"Happybirthdaytoyou!"的首地址赋给指针变量 str，通过指针变量名也可以输出一个字符串。

【实例 6】 分别用字符型数组和字符指针处理字符串，并对比实现方法上的不同（这是一个熟悉基本概念的实例）。

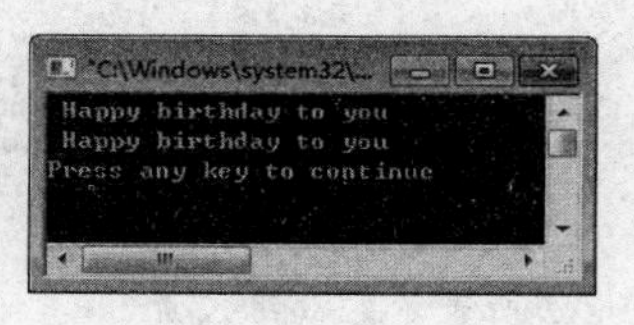

图 8-9　【实例 6】的运行结果

实例说明：

将字符串"Happybirthdaytoyou!"输出到屏幕上。(1)若用字符数组来实现，需要知道字符串的结束标志是'\0'，程序中的 str 是数组名，即该字符数组的首地址，本质上也是指针；(2)若用指向字符串的指针实现，需要定义个字符指针 str，并使其指向字符串"Happybirthdaytoyou!"的首地址。两种方法的运行结果相同，如图 8-9 所示。

知识要点：

掌握字符指针指向字符串后如何对字符串进行操作。

实现过程：

```
#include  "stdio.h"                    //用数组实现输出字符串
void main( )
{
int i ;
char str[ ] = "Happy birthday to you" ;
printf(" %s\n" , str) ;               //数组名即该字符数组的首地址
for(i = 0 ; str[i]! = '\0' ; i++)
printf(" %c" , str[i]) ;
printf("\n") ;
}
#include  "stdio.h"                    //用指向字符串的指针实现输出字符串
void main( )
{
char  * str = "Happybirthdaytoyou " , * str1 ;
int i ;
```

```
    str1 = str ;                    //str1 指向字符串
  printf(" %s\n" , str) ;           //输出 str 所指向的字符串
  for(str = str1; * str! = '\0' ; str ++ )
  printf(" %c" , * str) ;           //将 str 所指向的字符串的字符逐个输出
  printf("\n") ;
    }
```

举一反三：

(1) 用指向字符串的指针实现将字符串 a 复制到字符串 b。

(2) 用指向字符串的指针实现从字符串 a 中截取若干个连续字符构成一个新字符串 b。

(3) 输入两个字符串，用指向字符串的指针实现两个字符串大小的比较。

任务五　函数传递值为指针类型

任务描述：

在函数应用中，函数的参数不仅可以是整型、实型、字符型、数组等数据，也可以是指针类型，以实现将地址传送到另一函数中参与操作。实际参数向形式参数传递地址有四种情况，如图 8-10 所示。

【实例 7】 将指针变量作为参数进行传递(这是一个熟悉基本概念的实例)。

实例说明：

结合指针的知识，用函数调用输出两个数据，在主函数中指定两个变量的值(一个整数 25 和一个浮点数 45.5)，通过主函数调用被调用函数来实现这两个数的输出。但是本例中实际参数传给形式参数的值是地址。运行结果如图 8-11 所示。

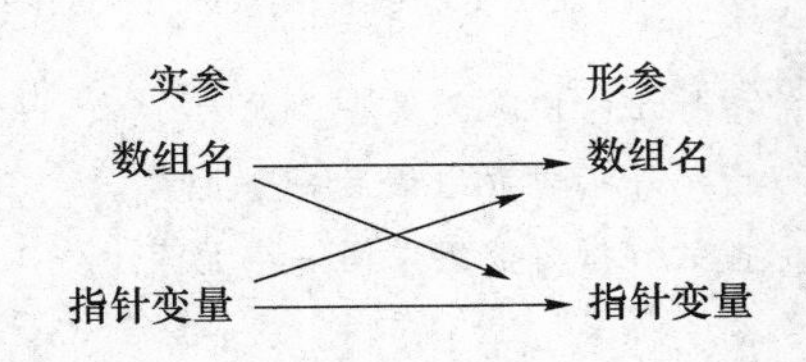

图 8-10　用指针作为函数参数的 4 种情况

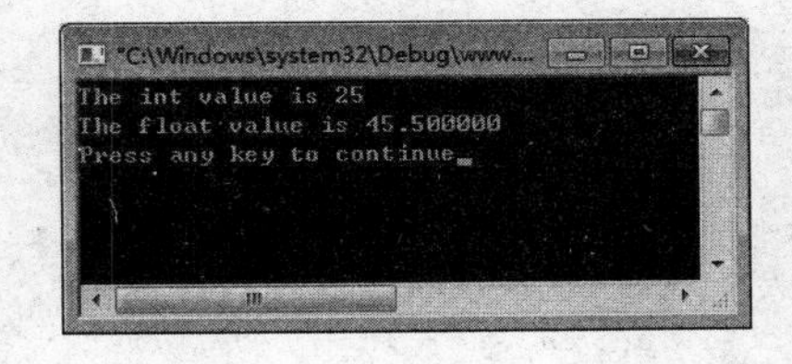

图 8-11　【实例 7】的运行结果

知识要点：

掌握指针变量作为函数参数，函数的参数传递的是地址。

实现过程：

```
#include "stdio.h"
//被调用函数现在主调函数前面，则在主调函数中不需要声明
outputval(int * q1, float * q2)
{
printf("The int value is %d\n", * q1);          //输出主函数中变量的值
printf("The float value is %f\n", * q2);
```

```
}

void main( )                                   //主函数,即主调函数
{
        int a = 25, * p1;                      //指定变量 a 的值,定义型指针 P1
float b = 45.5, * p2;
p1 = &a;                                       //指针指向变量
p2 = &b;
outputval(p1,p2);                              //函数调用
}
```

在本例中实际参数 p1 将变量 a 的地址传递给形式参数 q1;同理,实际参数 p2 将变量 b 的地址也传给了形式参数 q2。所以指针 p1、q1 都指向变量 a,指针 p2、q2 都指向变量 b,在被调用函数中并没有再给变量 a 和 b 开辟另外的存储空间。由于被调用程序中获得了所传递变量的地址,因此,当被调用程序调用结束后在该地址空间的数据便被保留了下来。

【实例 8】 将数组 a 中 n 个元素按逆序存放(这是一个可以提高基础技能的实例)。

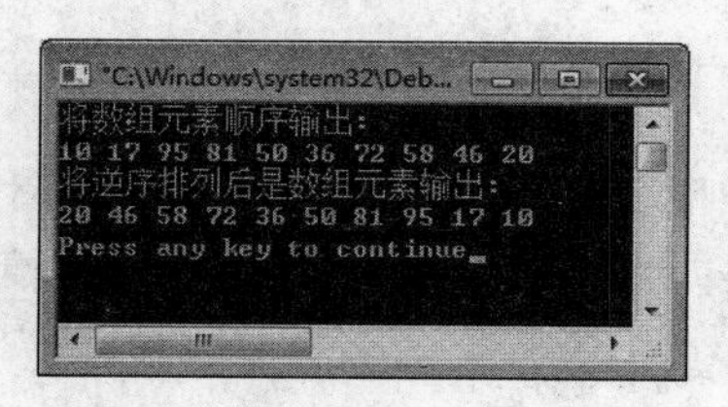

图 8-12 【实例 8】的运行结果

实例说明:

将数组 a 中的 n 个元素按相反的顺序存放的算法是将第 1 个元素与倒数第 1 个元素互换,第 2 个元素与倒数第 2 个元素互换,…,直到中间两个元素互换。具体实现可以使用指针实现上述算法,运行结果如图 8-12 所示。

知识要点:

掌握利用指针将数组中元素首尾对调的方法。

实现过程:

```
#include  "stdio.h"
void inverse(int * s, int n)                   //形参是指针
{
int * p, t, * i, * j, m = (n - 1)/2;
i = s;                                         //指针 i 指向数组第一个元素
j = s + n - 1;                                 //指针 j 指向数组最后一个元素
p = s + m;                                     //指针 p 指向数组中间一个元素
for(;i<=p;i++,j--)
{
  t = *i;
     *i = *j;
   *j = t;
}
return;
}
void main ( )
{static int i, a[10] = {10,17,95,81,50,36,72,58,46,20};
printf("将数组元素顺序输出:\n");
for(i = 0; i<10; i++)
```

```
printf(" %d ", a[i]);
printf("\n");
inverse(a,10);
printf("将逆序排列后是数组元素输出:\n");
for(i=0; i<10; i++)
printf(" %d ", a[i]);
printf("\n");
}
```

当然也可以使用数组下标法实现上述算法,这里不再叙述。

任务六 返回值类型为指针的函数

任务描述:

所谓函数类型,是指函数返回值的类型。由于在C语言中允许一个函数的返回值是一个指针(即地址),所以也将此类函数称为指针型函数。

实际上,C语言中的函数总是占用一段连续的内存区,而函数名就是该函数所占内存区的首地址。可以把函数的这个首地址(或称入口地址)赋予一个指针变量,使该指针变量指向该函数。然后通过指针变量就可以找到并调用这个函数。把这种指向函数的指针变量也称为"函数指针变量"。

【实例9】 输入一个1~7之间的整数,选择一种对应的颜色输出,通过指针函数输出对应的颜色名(这是一个可以提高基础技能的实例)。

实例说明:

定义指针型函数的一般形式为

```
类型说明符 *函数名(形参表)
{
/*函数体*/
}
```

其中,函数名之前加了"*"号表明这是一个指针型函数,即函数的返回值是一个指针;类型说明符表示了返回的指针值所指向的数据类型。运行结果如图8-13所示。

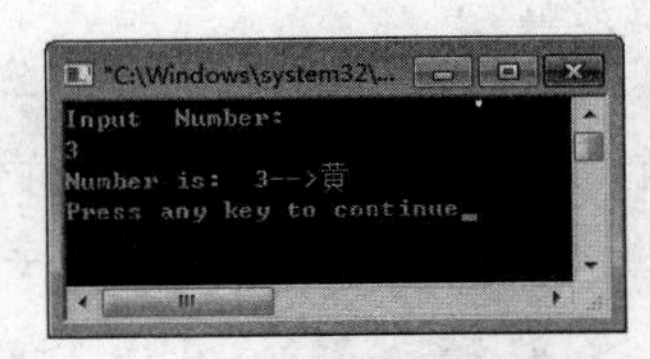

图8-13 【实例9】的运行结果

知识要点:

掌握指针型函数的定义形式和如何返回一个指针值。

实现过程:

```
#include "stdio.h"
char *colorName(inti);
void main()
{
int i;
```

```
printf("Input Number:\n");
scanf("%d",&i);
printf("Number is:%3d-->%s\n",i,colorName(i));
}

char *colorName(intn)
  {
char name[8][20]={"没有这种颜色","红","橙","黄","绿","蓝","靛","紫"};
return((n<1||n>7)? name[0]:name[n]);
}
```

说明：

(1) 本例中定义了一个指针型函数 colorName()，它的返回值指向一个字符串。

(2) colorName()函数中定义了一个静态二维字符型数组 name。name 数组初始化赋值为 8 个字符串，分别表示各七种颜色及出错提示。形参 n 表示与颜色名所对应的整数。

(3) 在主函数中，把输入的整数 i 作为实参，在 printf 语句中调用 colorName()函数并把 i 值传送给形参 n。

任务七 指针数组

任务描述：

一个数组的元素值为指针即为指针数组。指针数组是一组有序的指针的集合。指针数组的所有元素都必须是具有相同存储类型和指向相同数据类型的指针变量。

指针数组说明的一般形式为

类型说明符 *数组名[数组长度]；

其中，类型说明符为指针值所指向的变量的类型。例如：

```
int  *p[5];
```

表示 p 是一个指针数组，它有五个元素，每个元素值都是一个指针，并分别指向各个整型变量。

指针数组常用于指向一个二维数组。指针数组中的每个元素被赋予二维数组每一行的首地址，因此也可理解为指向一个一维数组。

【实例 10】 将若干个字符串按字母顺序输出(这是一个可以提高基础技能的实例)。

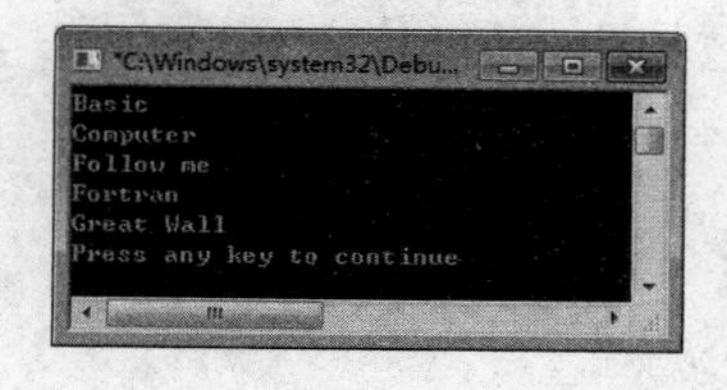

图 8-14 【实例 10】的运行结果

实例说明：

定义 name 是一个指针数组，数组元素的内容是指针，而且指向字符类型的指针。指针数组非常适用于处理若干不等长的字符串。排序用到 字符串比较函数 strcmp()，程序运行结果如图 8-14 所示。

知识要点：

掌握指针数组的基本知识。

实现过程：

```
#include<stdio.h>
#include<string.h>
void main()
{
void sort(char *name[],intn);
void print(char *name[],intn);
char *name[]={"Followme","Basic","GreatWall" ,"Fortran","Computer"};
int n=5;
sort(name,n);
print(name,n);
}
void sort(char *name[],int n)
{char *temp;
int i,j,k;
for(i=0;i<n-1;i++)
{  k=i;
for(j=i+1;j<n;j++)
  if(strcmp(name[k],name[j])>0)
    k=j;
      if(k!=i)
        { temp=name[i];
      name[i]=name[k];
  name[k]=temp;
  }
 }
}
void print(char *name[],intn)
{
   inti;
for(i=0;i<n;i++)
printf("%s\n",name[i]);
  }
```

单元总结：

在C语言中，指针就是内存单元的地址。本单元主要介绍了指针与数组的知识、指针与字符串的知识、指针与函数的知识、指针数组的知识等，为今后编写复杂程序打下了坚实的基础。

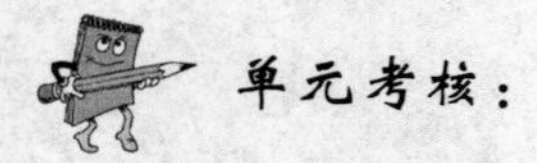

单元考核：

1. 单项选择题

(1) 在下列说明中，哪个是正确的(　　)。

A. char *a="abcd";　　B. char *a,a="abcd";

C. char *a=b,b[5],c;　　D. char b[5],*b,c;

(2) 若x为整型变量，p是基类型为整型的指针类型变量，则正确的赋值表达式是(　　)。

A. p=&x;　　B. p=x;　　C. *p=&x;　　D. *p=*x;

(3) 下面的函数的功能是(　　)。

```
int fun1(char  *a)
{
  char  *b=a ;
while( *b++) ;
  return(b - a - 1) ;
}
```

A. 将字符串a复制到字符串b　　B. 比较两个字符串的大小

C. 求字符串的长度　　D. 将字符串a连接到字符串b后面

(4) 要求函数的功能是交换x和y中的值，且通过正确调用返回交换结果。能正确执行此功能的函数是( )。

A. fun a(int *x , int *y)
   {int *p ; *p=*x ; *x=*y ; *y=*p ;}

B. fun b(intx , inty)
   {intt ; t=x ; x=y ; y=t ; }

C. fun c(int *x , int *y)
   { *x=*y ; *y=*z ; }

D. fun d(int *x , int *y)
   { *x=*x+*y ; *y=*x-*y ; *x=*x-*y ; }

(5) 下面程序的输出结果是(　　)。

```
# include<stdio.h>
# include<string.h>
main( )
{
char  *pl = "abc" , *p2 = "ABC" , str[50] = "xyz" ;
strcpy(str + 2 , strcat(pl , p2)) ;
printf(" %s\n" , str) ;
}
```

A. xyzabcABC　　B. zabcABC　　C. xyabcABC　　D. yzabcABC

(6) 若有语句：

```
int *point,a = 4;
point = &a;
```

下面均代表地址的一组选项是(　　)。

A. a,point,*&a　　B. &*a,&a,*point

C. *&point,*point,&a　　D. &a,&*point,point

(7) 若要如下语句:

```
void main()
{
int x[ ] = {0,1,2,3,4,5};
int s,i,*p;
s = 0;
p = &x[0];
for(i = 1;i<6;i+ = 2)
s+ = *(p+i);
printf("sum = %d",s);
}
```

输出的结果是(　　)。

A. sum=8　　B. sum=9　　C. sum=10　　D. sum=11

(8) 下面程序的输出结果为(　　)。

```
#include<stdio.h>
void main( )
{
char  *alpha[6] = {"ABCD" , "EFGH" , "IJKL" , "MNOP" , "QRST" , "UVWX"} ;
char  **p ;
int i ;
p = alpha ;
for(i = 0 ;  i<4 ;  i++ )  printf(" %s" , p[i]) ;
printf("\n") ;
}
```

A. ABCDEFGHIJKL　　B. ABCDEFGHIJKLMNOP

C. ABCD　　D. AEIM

(9) 若有以下说明和语句,对数组 c 中元素正确引用的是(　　)。

```
intc[4][15] , (*cp)[5] ;  cp = c ;
```

A. cp+1　　B. *(cp+3)　　C. *(cp+1)+3　　D. *(*cp+2)

(10) 设有如下函数定义:

```
int f(char  *s)
{
char  *p = s ;
while( *p! = '\0')  p++ ;
return(p - s) ;
}
```

如果在主程序中用下面的语句调用上述函数,则输出结果为(　　)。

```
printf(" %d\n" , f("goodbey!")) ;
```

A. 8　　B. 6　　C. 3　　D. 0

(11) 下面程序的输出结果是(　　)。

```
void prtv(int  * x)
{
printf(" % d\n" , ++ * x) ; }
main( )
{
int a = 25 ;  prtv(&a) ;
}
```

A. 23　　　B. 24　　　C. 25　　　D. 26

(12) 若有以下说明：

int w[3][4]={{0，1}，{2，4}，{5，8}}；　int(* p)[4]=w；则数值为 4 的表达式是(　　)。

A. * w[1]+1　　　B. p++，* (p+1)

C. w[2][2]　　　D. p[1][1]

(13) 下面程序的输出结果是(　　)。

```
chars[ ] = "ABCD" ;
main( )
{
char  * p ;
for(p = s ;  p<s + 4 ;  p++)
printf(" % s\n" , p) ;
}
```

A. ABCD　　　B. A　　　C. D　　　D. ABCD

2. 填空题

(1) 若有以下定义和语句，则通过指针 p 引用值为 98 的数组元素的表达式是________。

```
int w[10] = {23,54,10,33,47,98,72,80,61}, * p;
p = w;
```

(2) 该程序的输出结果是________。

```
#define PR(ar)  printf(" % d\n" , ar)
main( )
{
int j , a[ ] = {1 , 3 , 4 , 7 , 9 , 11 , 13 , 15} ,  * p = a + 5 ;
for(j = 3 ;  j ;  j-- )
{
    switch(j)
{
case  1 :
case  2 :  PR( * p++ ) ;  break ;
case  3 :  PR( * ( -- p)) ;
}
```

```
}
}
```

(3) 下列程序是利用函数 swap( )实现两个整数的真正交换。函数的形参为指针,实参为变量取地址,请写入主函数 main()和用户自定义函数 swap()的函数体中缺少的语句。

```
#include "stdio.h"
void main()
{
____________________                        /*函数声明*/
int x=3,y=5;
________________________                    /*函数调用*/
printf("\nAfter Exchanged:x=%d,y=%d",x,y);
}

void swap(int *p,int *q)
{




}
```

(4) 下面程序的输出结果是________。

```
void main( )
{
int a[10]={1,2,3,4,5,6,7,8,9,10}, *p = a;
printf("%d\n", *(p+2));
}
```

(5) 阅读下面程序:

```
#include<stdio.h>
f(char * s)
{
char  *p=s;
while( *p!='\0')  p++ ;
return(p-s);
}
main( )
{
printf("%d\n", f("ABCDEF"));
}
```

本程序的运行结果是________。

(6) 存在语句 intx=7, * p; 将指针 p 指向变量 x 的赋值语句是________,上述赋值语句运行后,利用指针 p 输出 x 的值的语句为 printf("%d",________)。

(7) 下面语句中的指针 s 所指字符串的长度是________。

```
char  * s = "\t\"Name\\Addres\n" ;
```

(8) 以下程序调用 findmax 函数求数组中最大的元素在数组中的下标,请将程序补充完整。

```
#include<stdio.h>
find max(int  * s ,  intt ,  int  * k)
{
int p ;
for(p = 0 ,  * k = p ;  p<t ;  p++)
if(s[p]>s[ * k])          ; }
main( )
{
int a[10] , i , k ;
for(i = 0 ;  i<10 ;  i++)
scanf(" %d" , &a[i]) ;
findmax(a , 10 , &k) ;
printf(" %d , %d\n" , k + 1 , a[k]) ;
}
```

(9) 设有如下程序段:

```
int  * v, a ;
a = 100 ;  v = &ab ;  a = * v + 10 ;
```

执行上面的程序段后,a 的值为________。

(10) 设有如下的程序段:

```
char str[ ] = "Hello" ;  char  * p ;  p = str ;
```

执行完上面的程序段后,*(p+5)的值为________。

(11) 请阅读以下程序,写出其运行结果________。

```
#include<stdio.h>
sub(x , y , z)
int x , y , * z ;
{ * z = y - x ; }
void main( )
{
int a , b , c ;
sub(10 , 5 , &a) ;  sub(7 , a , &b) ;  sub(a , b , &c) ;
printf(" %d , %d , %d\n" , a , b , c) ;
}
```

(12) 设有如下程序:

```
#include<stdio.h>
void main( )
{
int  * * k , * j , i = 100 ;
j = &i ;  k = &j ;
printf(" %d\n" , * * k) ;
}
```

则上述程序的输出结果是________。

(13) 想使指针变量pt1指向a和b中的大者,pt2指向小者,阅读完程序后,回答填写如下问题:

```
swap(int * p1,int * p2)
{    int * p;
p = p1;p1 = p2;p2 = p;
}
void main()
{
int a,b;
scanf("% d,% d",&a,&b);
pt1 = &a;pt2 = &b;
if(a<b)swap(pt1.pt2);
printf("% d,% d\n",* pt1,* pt2);
}
```

① 以上程序能否实现此目的? ________。

② 如果不能实现题目要求,指出原因? ________。

③ 如何修改该程序? ________。

3. 编程题

(1) 编程输入一行文字,找出其中的大写字母,小写字母,空格,数字,及其他字符的个数。

(2) 编一个函数,求一个字符串的长度。在main函数中输入字符串,并输出其长度。

(3) 编写函数,将一个3×3矩阵转置。

(4) 将n个数按输入顺序的逆序排列,用函数实现。

(5) 编写函数slength(char * s),函数返回指针s所指向的字符串的长度。

项目二　通讯簿管理系统项目实训

本项目是一个小型的实训项目，旨在培养学生建立一定的编程逻辑思维能力，并通过实训项目了解软件开发的基本方法及步骤。

项目涉及的知识点主要包括：

C语言基础知识、if-else选择结构、switch多路选择结构程序设计、循环结构程序设计以及函数的定义、调用和声明、结构体、结构体数组、文件。

项目实训的目的和任务：

综合使用全书的理论知识，编写小型应用系统。以此掌握软件开发的基本方法；巩固和加深学生对C语言课程基本知识的理解和掌握，培养学生利用C语言进行软件设计的能力。

1. 项目需求分析

(1) 项目概述

编写一个简单的通讯簿管理系统，要求实现如下功能：实现通讯簿的记录添加、删除、查询、编辑、显示、保存、载入、退出等功能。

(2) 项目功能描述

本项目主要实现简单的通讯簿管理，即用C语言设计简单数据库的管理系统。本系统主要用来完成通讯记录的添加、删除、查询、编辑，显示、保存、载入等功能，输入的记录可以永久保存在磁盘文件中，以便需要时进行载入查询。本软件系统功能模块如图X2-1所示。

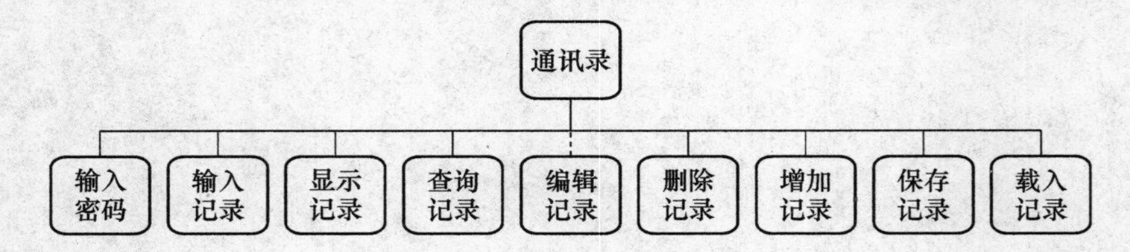

图X2-1　系统功能模块图

各模块的功能说明如下：

(1) 密码输入模块：要求输入4位密码，并进行简单加密处理。

(2) 输入记录模块：为简单易学，只要要求输入单位、姓名、电话3项数据作为通讯簿个人信息，实际操作中可扩充个人信息。

(3) 显示记录模块:可按要求显示前几条记录。

(4) 查询记录模块:可按姓名查询相应记录。

(5) 编辑记录模块:可对某一条记录进行编辑修改。

(6) 删除记录模块:可按要求删除第几条记录。

(7) 增加记录模块:可向通讯簿中增加新记录。

(8) 保存记录模块:可将需要的前几条记录保存到磁盘文件中。

(9) 载入记录模块:可从已知的磁盘文件(txt 文件)中将记录装载入内存。

2. 概要设计

开发一个软件要经过以下步骤:

(1) 确定软件的功能;

(2) 定义核心数据结构;

(3) 对整个软件进行功能模块划分;

(4) 设计系统界面、编写程序实现各功能模块;

(5) 对源程序进行编译和调试,形成软件产品。

本项目开发采用一般软件程序开发的方法:自上向下,逐步细化,模块化设计,结构化编码。其基本数据流程图如图 X2-2 所示。

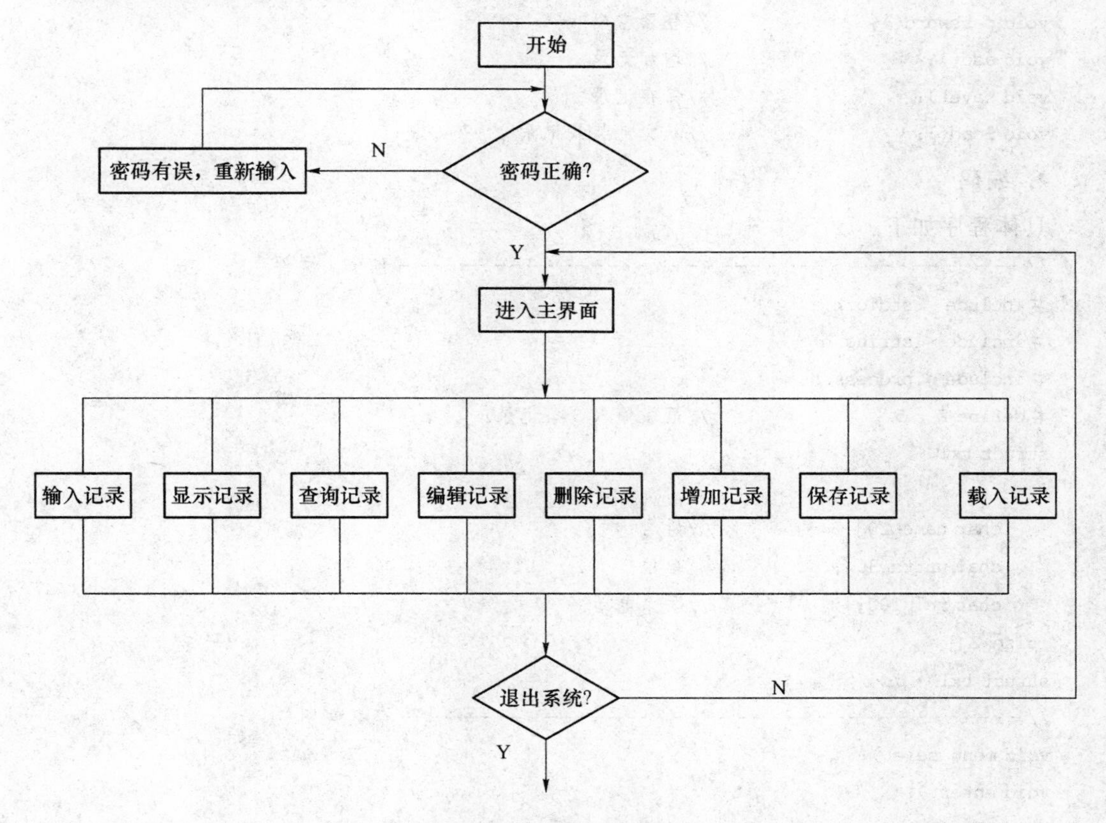

图 X2-2　基本数据流程图

运行环境:操作系统 Windows XP/2000/Me

开发工具:Visual C++ 6.0

3. 详细设计

(1) 核心数据结构定义

```
#define  Z   5                      //为简单起见,最多输入5条记录
struct txl
{
char name[20];                      //姓名
char units[30];                     //单位
char tel[10];                       //联系电话
}size[Z];
```

(2) 各个函数的定义

```
void menu_sele();                   //主界面
void enter();                       //输入记录
void show();                        //显示记录
void search();                      //查询记录
void edit();                        //编辑记录
void del();                         //删除记录
void password();                    //登录密码
void add();                         //增加记录
void save();                        //保存记录
void load();                        //从文件装载记录
```

4. 编码

具体程序如下:

```
//----------------------------------------包含头文件
#include <stdio.h>
#include <string.h>
#include <process.h>
#define Z   5                       //最多输入5条记录
struct txl
{
    char name[20];                  //姓名
    char units[30];                 //单位
    char tel[10];                   //联系电话
}size[Z];
struct txl *p;
//----------------------------------------函数声明
void menu_sele();
void enter();
void show();
void search();
void edit();
```

```
void del();
void password();
void add();
void save();
void load();
//-----------------------------------------主函数
main()
{
    password();

}
//-----------------------------------------菜单函数
void menu_sele()
{
int a;
for(;a<1||a>8;)
{
        printf("\n*************************************************\n");
        printf(" ********************MENU*************************\n");
        printf(" **(1)输入记录                                  **\n");
        printf(" **(2)显示所有记录                              **\n");
        printf(" **(3)查询记录                                  **\n");
        printf(" **(4)编辑记录                                  **\n");
        printf(" **(5)删除记录                                  **\n");
        printf(" **(6)增加一条记录                              **\n");
        printf(" **(7)保存记录                                  **\n");
        printf(" **(8)载入记录                                  **\n");
        printf(" **(9)退出                                      **\n");
        printf(" ********************程序名称:通讯录****************\n");
        printf("*************************************************\n");
        printf(" *************************** 小组制作 ************\n");
        printf("             请选择操作(1~8)");
        scanf("%d",&a);
        switch(a)
        {
          case 1:enter();break;
          case 2:show();break;
          case 3:search();break;
          case 4:edit();break;
          case 5:del();break;
          case 6:add();break;
          case 7:save();break;
          case 8:load();break;
```

```
            case 9:printf("成功退出。\n");exit(1);
            default :printf("输入错误\n");
        }
    }
}
//----------------------------------------输入记录函数
void enter()
{
    int j;
    printf("请输入姓名,单位,电话.\n");
    for(j=0;j<Z;j++)
    {
        scanf("%s%s%s",size[j].name,size[j].units,size[j].tel);
    }
    menu_sele();
    }
//----------------------------------------显示记录函数
void show()
{
    int i,j;
    printf("要显示前几条记录?");
    scanf("%d",&i);
    printf("姓名-----------单位-----------电话-----------\n");
    for(j=0;j<i;j++)
    printf("%-14s%-12s%-14s\n",size[j].name,size[j].units,size[j].tel);
    printf("----------------------------------------------数据显示完毕");
    menu_sele();
}
//---------------------------查询记录函数
void search()
{
    char c[20];
    int j,i=1;
    printf("请输入姓名:");
    scanf("%s",c);
    printf("姓名--------单位--------电话--------\n");
    for(j=0;j<Z;j++)
    {
        if(strcmp(c,size[j].name)==0)
        printf("%-14s%-12s%-14s\n",size[j].name,size[j].units,size[j].tel);
    }
    printf("----------------------------------------------数据显示完毕");
    menu_sele();
```

```
}
//----------------------------------------编辑记录函数
void edit()
{
    int i,j;
    printf("姓名----------单位----------电话----------\n");
    for(j=0;j<Z;j++)
    {
        printf("%-14s%-12s%-14s\n",size[j].name,size[j].units,size[j].tel);
    }
    printf("----------------------------------------数据显示完毕\n");
    printf("输入要修改第几条记录:");
    scanf("%d",&i);
    printf("输入*新*的数据:\n");
    printf("姓名----------单位----------电话----------\n");
    scanf("%s%s%s",size[i-1].name,size[i-1].units,size[i-1].tel);
    printf("----------------------------------------记录修改完毕");
    menu_sele();
}
//----------------------------------------删除记录函数
void del()
{
    int i,j;
    printf("显示前几条记录?");
    scanf("%d",&i);
    printf("姓名----------单位----------电话----------\n");
    for(j=0;j<i;j++)
    {
        printf("%-14s %-12s% -14s\n",size[j].name,size[j].units,size[j].tel);
    }
    printf("----------------------------------------数据显示完毕\n");
    printf("要删除第几条记录:");
    scanf("%d",&i);
    for(j=i-1;j<Z;j++)
    {
        strcpy(size[j].name,size[j+1].name);
        strcpy(size[j].units,size[j+1].units);
        strcpy(size[j].tel,size[j+1].tel);
    }
    strcpy(size[j].name,"");
    strcpy(size[j].units,"");
    strcpy(size[j].tel,"");
    printf("----------------------------------------记录删除完毕");
```

```
    menu_sele();
}
//-------------------------------------------增加记录函数
void add()
{
    int j;
    for(j = 0;j<Z;j ++ )
    {
        if(strcmp(size[j].name,"") == 0)
            break;
        else continue;
    }
    printf("请输入记录信息");
    scanf(" %s %s %s",size[j].name,size[j].units,size[j].tel);
    menu_sele();
}
//---------------------------密码函数
void password()
{
    int i,password;
    for(i = 1;i< = 3;i ++ )
    {
        printf("请输入密码进入系统(4位):");
        scanf(" %d",&password);
        password = password + 2222;
        if(password == 2222)
        {
            printf("密码正确。");
            menu_sele();
        }
        else
        {
            printf("密码错误。还有 %d 次机会。\n",3 - i);
            continue;
        }
    }
}
//---------------------------保存函数
void save()
{
    int i,j;
    FILE * fp;
    if((fp = fopen("txl.txt","w")) == NULL)
```

```
    {
        printf("打开文件失败\n");
        exit(1);
    }
    else
    {
        printf("要保存前多少条记录?");
        scanf(" %d",&i);
        for(j = 0;j<i;j++)
        {
            fprintf(fp," %s %s %s",size[j].name,size[j].units,size[j].tel);
        }
    fclose(fp);
    menu_sele();
    }
}
//-------------------------载入函数
void load()
{
    int i,j;
    FILE *fp;
    if((fp = fopen("txl.txt","r")) == NULL)
    {
        printf("打开文件失败\n");
        exit(1);
    }
    else
    {
        printf("你要载入前多少条记录");
        scanf(" %d",&i);
         for(j = 0;j<i;j++)
        {
            fscanf(fp," %s %s %s",size[j].name,size[j].units,size[j].tel);
        }
        fclose(fp);
        menu_sele();
    }
}
```

5. 运行与测试

(1) 主界面，如图 X2-3 所示。

(2) 选择输入记录，运行结果界面如图 X2-4 所示。

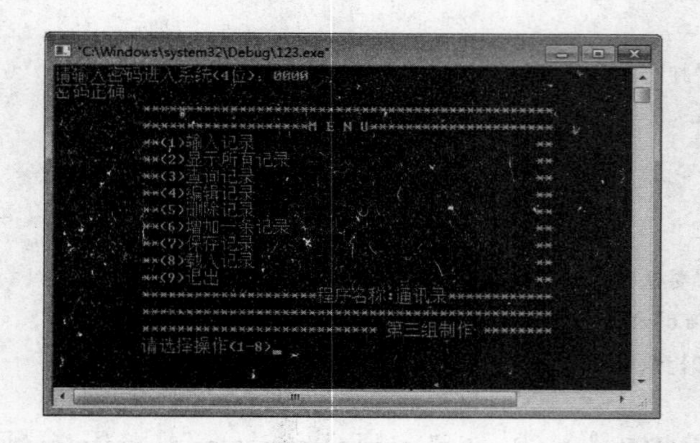

图 X2-3　主界面

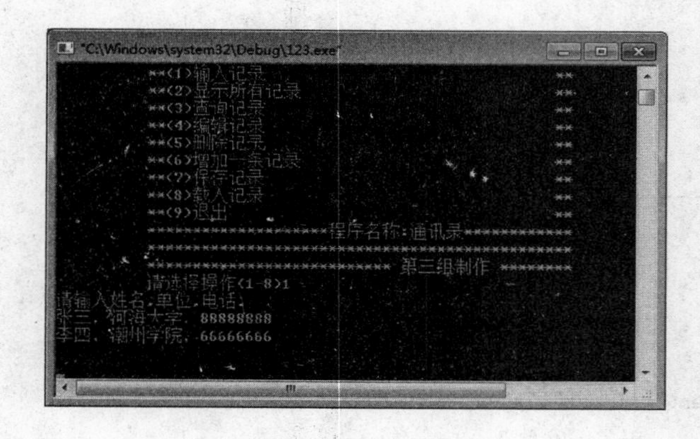

图 X2-4　输入记录显示界面

项目实训小结：

本项目规模适中、强调基础，综合使用全书的理论知识，完成编写小型数据库应用系统的设计和实现。实现过程力求简单、易懂、容易实现，后续可继续改进和扩充，希望有兴趣的学生结合软件工程的思想进行更完善的设计。以下还提供了三个类似项目供学生参考练习，可利用课余时间选择完成。

1. 参考设计题目一：职工信息管理系统设计

职工信息包括职工号、姓名、性别、出生年月、学历、职务、工资、住址、电话等(职工号不重复)。试设计一职工信息管理系统，使之能提供以下功能：

(1) 系统以菜单方式工作。

(2) 职工信息录入功能(职工信息用文件保存)——输入。

(3) 职工信息浏览功能——输出。

(4) 查询或排序功能：(至少一种查询方式)——算法。

① 按工资查询。

② 按学历查询等。

(5) 系统进入画面(静态或动画)。

(6) 职工信息删除、修改功能(任选项)。

2. 参考设计题目二:飞机订票系统设计

假定民航机场共有 n 个航班,每个航班有一航班号、确定的航线(起始站、终点站)、确定的飞行时间(星期几)和一定的成员订额。试设计一民航订票系统,使之能提供下列服务:

(1) 系统以菜单方式工作。

(2) 航班信息录入功能(航班信息用文件保存)——输入。

(3) 航班信息浏览功能——输出。

(4) 查询航线:(至少一种查询方式)——算法。

① 按航班号查询。

② 按终点站查询。

(5) 系统进入画面(静态或动画)。

(6) 承办订票和退票业务(可选项)。

3. 参考设计题目三:学生选修课程系统设计

假定有 n 门课程,每门课程有课程编号,课程名称,课程性质,总学时,授课学时,实验或上机学时,学分,开课学期等信息,学生可按要求(如总学分不得少于60)自由选课。试设计一选修课程系统,使之能提供以下功能:

(1) 系统以菜单方式工作。

(2) 课程信息录入功能(课程信息用文件保存)——输入。

(3) 课程信息浏览功能——输出。

(4) 查询功能:(至少一种查询方式)——算法。

① 按学分查询。

② 按课程性质查询。

(5) 系统进入画面(静态或动画)。

(6) 学生选修课程(可选项)。

单元 9　结构化数据

前面介绍了基本数据类型(整型、实型、字符),这些数据类型只能存储简单形式的数据,这些数据类型是不可以再分割的,是最小的数据存放单位。实际中的数据存在多种组织形式,只有这些简单数据类型是不够的,需要另一种可以描述复杂组合关系的数据类型,这就是构造数据类型。构造数据类型由基本数据类型叠加而成,它将相互关联的数据组合成一个集合,描述一个完整意义上的信息。如前所述的数组,可以存放若干个相同类型的数据,但是如果要存放数据的类型不尽相同,数组就不能满足要求了,需要另外的构造数据类型——结构体、枚举和共用体。本单元结合实例介绍结构体的定义、结构体变量、结构体与函数、枚举的定义、使用和联合体的定义及使用等内容。

学习任务:

✧ 掌握结构体的声明,结构体变量定义。
✧ 掌握结构体中成员的访问方法。
✧ 掌握结构体数组使用。
✧ 掌握结构体指针的使用。

学习目标:

✧ 熟练使用结构体来描述外部结构化数据。
✧ 灵活应用结构体数组、结构体指针来完成对结构化数据的访问和加工。

任务一　结构体数组的定义和使用

任务描述:

掌握结构体数组的定义、结构体数组成员的访问。

【实例 1】 结构体数组的输入、结构体成员的处理、结构体成员的输出(这是一个可以提高基础技能的实例)。

实例说明:

有若干个学生,每个学生的数据包括学号、姓名、3 门课的成绩,从键盘输入学生的数据,要求打印出最高平均分学生的学号、姓名、3 门课成绩、平均分等信息。运行结果如图 9-1 所示。

```
C:\Users\Administrator\Desktop\编写教材\10-1.exe
输入第一个学生信息吗 (Y/N) y
学号: 20150010
姓名: 张三
第1门课成绩: 67
第2门课成绩: 67
第3门课成绩: 67
输入另一个学生信息吗 (Y/N) y
学号: 20150011
姓名: 王五
第1门课成绩: 88
第2门课成绩: 78
第3门课成绩: 67
输入另一个学生信息吗 (Y/N) y
学号: 20150012
姓名: 李四
第1门课成绩: 65
第2门课成绩: 45
第3门课成绩: 61
输入另一个学生信息吗 (Y/N) n

----最高分学生信息: ----
学号: 20150011
姓名: 王五
三门课成绩:    88   78   67
平均分: 77.6667
-------------------------------
Process exited with return value 0
Press any key to continue . . .
```

图 9-1　【实例 1】程序运行结果

编写程序前,需要进行需求分析,本任务较简单,需求比较明确。接着要进行数据结构和算法的设计。算法比较简单,就是求平均分和最高分。平均分采用 3 门课成绩相加除以 3,最高分假设等于第一个学生平均分(称为观察哨),每个学生的平均成绩和观察哨比较,如果大于观察哨,则让出最高分位置,直到所有学生的平均分遍历完为止。

首先定义数据结构描述外部的学生信息(学号、姓名和 3 门课成绩)。然后输入学生相关信息、计算 3 门课平均分,记录平均分、计算学生成绩的最高分,记录最高分。最后输出最高分学生的相关信息。

由于前面所学的知识不能完全解决任务要求,需要更加复杂的数据结构来进行程序设计。因此,编写程序前,需要补充相关知识。

知识要点:

1. 结构体概述

结构体(structure)将若干个类型不同(也可以相同,一般不同)的数据类型组织成一个组合项,来表示一个完整的单元,以方便程序进行引用。例如:姓名(name)、年(year)、月(month)、日(day)、家庭住址(address)等数据,这些都和某人的出生信息相关联,如果将 year、month、day、和 address 都分别定义为相互独立的数据类型,是无法体现它们之间的内在联系的。这时应当把它们组合成一个组合项,以完整地表示出生信息,定义如下:

```
struct birthdayinfo {
    char name[8];
```

```
    unsigned short   year;
    unsigned char   month;
    unsigned char   day;
    char   address[20];
} person = {2015,10,10,"陕西省西安市"};
```

这个例子声明了一个结构体 birthdayinfo。birthdayinfo 不是一个变量名，而是一个新的类型，这个类型名称通常称为结构体标记符（structure tag）或结构体类型。结构体标记符的命名方式和我们熟悉的变量名相同。

注意：

程序中的结构体标记符可以和变量名相同，但是最好不要这样做，因为这会使代码难于理解。

结构体内的变量名称为结构体成员（structure members）。在这个例子里，year、month、day 和 address 都是结构体成员。结构体成员出现在结构体标记符后的大括号内。

这个例子声明了一个结构体类型 birthdayinfo，编译器是不分配内存的，只有当定义了结构体变量 person 后，才分配内存。结构体变量 person 现在引用了结构体 birthdayinfo 内所有的成员，占用的内存如图 9-2 所示。通常可以使用 sizeof 运算符计算出结构体所占用的内存量。

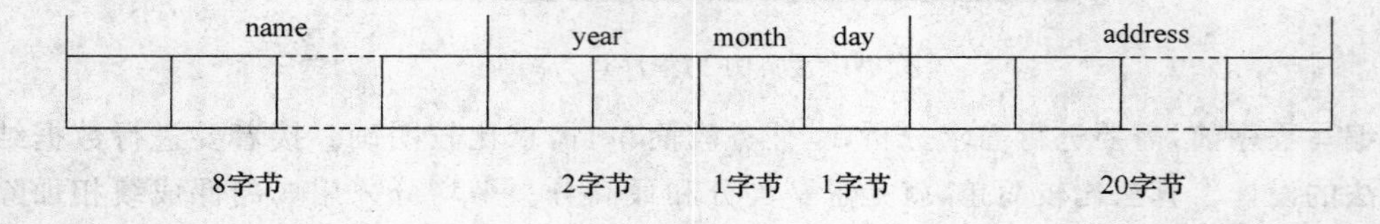

图 9-2　birthdayinfo 占用的内存

2. 结构体变量

结构体在使用前必须先进行定义，声明结构体类型，然后定义结构体变量，最后进行结构体变量使用。

（1）结构体类型的定义

```
struct 类型名称{
    变量类型 变量名;
    ……
};
```

struct 为关键字，不能省略，表明这是一个结构体类型。类型名称按照变量命名原则自行定义。{}内为成员列表，是结构体中的各个成员，它们组成一个结构体。结构体成员应当进行类型说明，即：变量类型变量名，可以是基本数据类型，也可以是构造数据类型，可以类型相同，也可以不同。

结构体类型声明完成后，程序开发者就设计了一种新的构造数据类型。接下来就可以进行结构体变量的定义。

(2) 结构体变量的定义

① 将结构体类型和结构体变量声明分开

struct birthdayinfo staff1,staff2;分别定义两个结构体变量 staff1 和 staff2,它们都是 birthdayinfo 类型的变量,具有 birthdayinfo 类型的结构。

② 声明结构体类型的同时定义结构体变量

```
struct  birthdayinfo {
    char name[8];
    unsigned short  year;
    unsigned char  month;
    unsigned char  day;
    char  address[20];
}staff1,staff2;
```

③ 直接定义结构体变量

```
struct  {
    char name[8];
    unsigned short  year;
    unsigned char  month;
    unsigned char  day;
    char  address[20];
} staff1,staff2;
```

该方法省略了结构体类型名。

比较:其中第一种方法适用于程序(多个源文件)中需要反复使用的同一个结构体的情况,这时可以把结构体定义写到头文件.h中,程序使用时可以直接定义结构体变量即可。第二种和第三种方法适用于程序中只有一个源文件使用结构体的情况,并且结构体变量只能定义一次。可以在定义结构体变量时初始化它,还可以将一个初始化的结构体,赋值给一个为初始化的结构体。如:

```
struct birthdayinfo{
    char name[8];
    unsigned short  year;
    unsigned char  month;
    unsigned char  day;
    char  address[20];
} staff1 = {"李亮",2002,06,18,"陕西西安"};
birthdayinfo staff2 = staff1;
```

注意:结构体类型和结构体变量不是一个概念。类型决定了分配内存的大小,数据范围以及在其上可以进行的操作等规则。变量可以进行赋值、运算。类型定义后不分配内存空间,只有定义了变量后才进行空间分配。

(3) 结构体成员的访问

定义了结构体变量后,还需要引用结构体的成员,需要特殊的语法访问这些成员。

要引用结构体成员,应该使用:"结构体变量名称.变量名称"方式进行。如:staff1.year = 2012;其中.(句点)称为成员选择运算符。这行语句将 staff1 结构的 year 成员设定为2012。

(4) 结构体数组

保存一个公民出生信息基本方法是按照前面所说的定义一个结构体变量，但是如果是保存50个、100个、甚至更大的数据时会比较麻烦，此时需要定义一个数组来保存若干个相同类型的结构体数据。

```
struct  birthdayinfo staff3[100];
```

这条语句声明了一个静态结构体数组staff3，它指向存放100个birthdayinfo结构体的内存段的首地址。访问其中某个成员(是一个结构体)的属性时要逐级缩减范围，直到具体成员的属性为止。如修改第20个人的出生年份时，应该使用：staff3[19].year = 2001;。

实现过程：

```
#include <stdio.h>
#include<ctype.h>
/*对任意输入学生的三门课成绩求平均分，并打印最高平均分学生信息 */
#define NUM 100                                   //定义最大处理的学生数据，可以灵活修改
int main(int argc, char * * argv) {
        struct student {
            int id;
            char name[8];
            float score[3];
            float averagescore;                   //保存计算出的平均成绩
        };
        struct student students[NUM];
        float sumscore = 0.0f;                    //保存三门课总成绩
        float maxscore;
        int maxnum;                               //记录最高分学生位置
        int stunum = 0;
        int count;                                //学生信息计数
        short scount;                             //成绩计数
        char test = '\0';                         //输入结束标志
        for(count = 0;count < NUM;count++) {
            printf("\n 输入 %s 学生信息吗(Y/N)",count?"另一个":"第一个");
            scanf(" %c",&test);
            if(tolower(test) == 'n') {
                if(count == 0)
                    return 0;
                else
                    break;
            }
        if(tolower(test) == 'y') {
            printf("\n 学号:");
            scanf(" %d",&students[count].id);
            printf("\n 姓名:");
```

```
            scanf(" %s",students[count].name);
            for(scount = 0;scount < 3;scount++) {
                printf("\n 第 %d 门课成绩:",scount + 1);
                scanf(" %f",&students[count].score[scount]);
                sumscore += students[count].score[scount];      //每门课成绩相加
                }
        students[count].averagescore = sumscore / 3;
            sumscore = 0.0f;                    //清零,开始记录下一个学生总成绩
            fflush(stdin);                      //清空输入缓冲区,防止残留信息干扰
        }
    }
    stunum = count;
    maxscore = students[0].averagescore;
    for(count = 1;count < stunum;count++) {
        if(students[count].averagescore > maxscore) {
            maxscore = students[count].averagescore;
            maxnum = count;
        }
    }
    printf("\n ---- 最高分学生信息:---- ");
    printf("\n 学号:%d",students[maxnum].id);
    printf("\n 姓名:%s",students[maxnum].name);
    printf("\n 三门课成绩:%5g%5g%5g",students[maxnum].score[0],
        students[maxnum].score[1],students[maxnum].score[2]);
    printf("\n 平均分:%5g",students[maxnum].averagescore);
    return 0;
}
```

举一反三:

(1) 从键盘输入 10 个学生的学号、姓名、年龄、班级信息,按照学号由大到小顺序排序输出。

(2) 统计某市一年内 12 个月的月平均气温,输出温度最高月的月份和气温、温度最低月的月份和气温。

(3) 统计候选人得票情况,按照降序顺序输出。

任务二　结构体指针的定义和使用

任务描述:

掌握结构体指针的定义、结构体指针成员的访问。

【实例 2】 结构体指针的输入、结构体成员的处理、结构体成员的输出(这是一个可以

提高基础技能的实例)。

实例说明:

有若干个学生,每个学生的数据包括学号、姓名、3门课的成绩,从键盘输入学生的数据,要求打印出最高平均分学生的学号、姓名、3门课成绩、平均分等信息。要求使用指针编程实现以上要求。程序运行结果如图9-3所示。

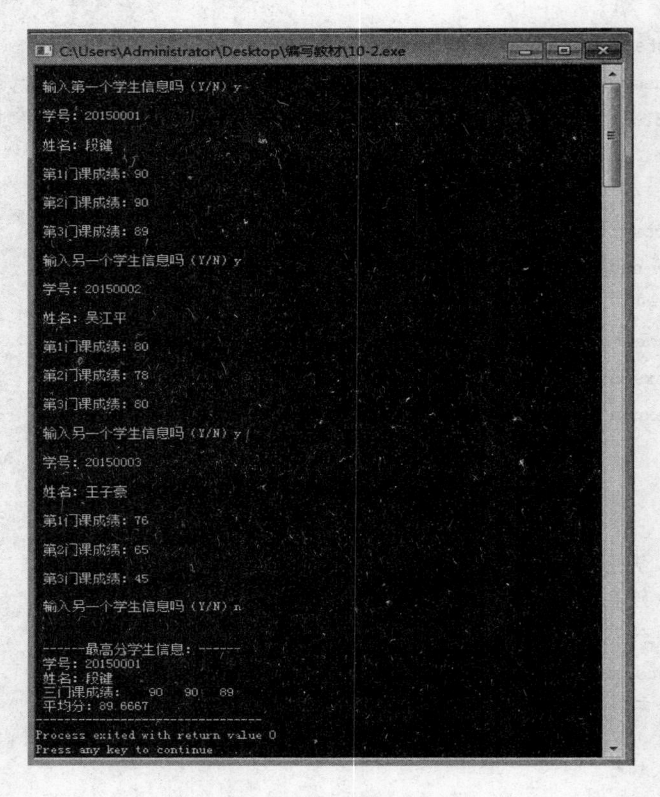

图9-3 【实例2】程序运行结果

知识要点:

要获得结构体的地址,就需要使用结构体指针。结构体指针的声明方式和声明其他类型的指针变量相同。例如:

```
struct  birthdayinfo * staff4;
```

这条语句声明了一个staff4指针,它可以存放birthdayinfo类型的结构体地址(结构体在内存段中首地址)。使用的方法和其他类型指针相同,使用前要进行初始化。例如:

```
staff4 = &staff1;
```

现在staff4指向staff1,可以通过staff3指针引用staff1结构的元素。如果要显示staff4结构体的成员,可以通过如下语句:

```
printf("%s\n", (*staff4).address);
```

为了方便使用和理解,C语言把(*staff4).address改为staff4－>address来代替。－>称为指向运算符。因此:结构体变量.成员名;(*结构体指针).成员名;结构体指针－>成员名;这三种形式是等价的。

前面结构体数组声明为100个,如果实际中学生的数量远远小于100时,就会造成内存

的浪费。而如果多于 100 个，就需要修改程序，程序的适用性不是很好。可以动态根据用户的需求分配内存，通过使用 malloc( )函数可以完成内存的动态分配。malloc( )原型为：

```
void * malloc(unsigned size);
```

该函数完成：分配 size 字节的存储区。使用时需要引入所在的头文件“stdlib. h”。

注意：

sizeof 运算符可以计算出结构所占的字节数，其结果不一定对应于结构中各个成员所占的字节数总和，如果自己计算，很容易出错。除了 char 类型的变量外，2 字节的变量的起始地址一般是 2 的倍数，4 字节变量的起始地址一般是 4 的倍数，以此类推。这称为边界调整(boundary alignment)，它和 C 语言无关，而是硬件要求，如图 9-4 所示。以这种方式在内存中存储变量，可以更快地在处理器和内存之间传递数据，但不同类型成员变量之间会有未使用的字节，而这些未使用的字节也必须计算在结构体的字节中。例如：

```
struct dog {
char sex[2];
long id;
short age;
float weight;
};
```

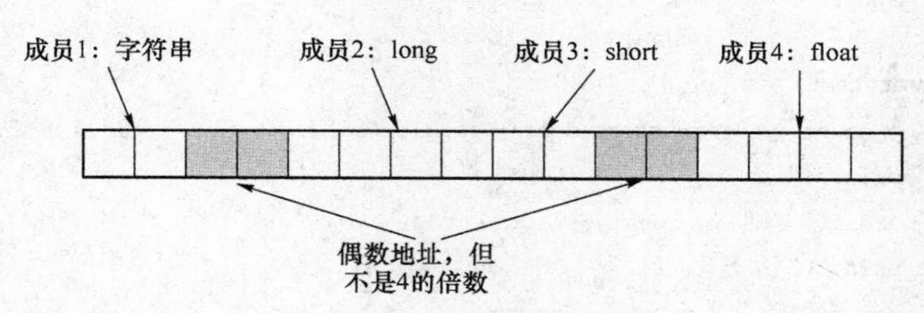

图 9-4　内存分配上的边界调整

结构体 dog 所需的字节数 sizeof(struct dog) = 16，但是结构体变量所占的字节数是 12。

malloc( )函数返回的是一个 void 指针，需要根据需要进行转换，将其转换为所需的类型，这样指针就可以正确地递增和递减了。

实现过程：

```
#include <stdio.h>
#include<ctype.h>
/* 对任意输入学生的三门课成绩求平均分，并打印最高平均分学生信息 */
#define LENGTH sizeof(struct student)                    //结构体所占内存的单元数
int main(int argc, char * * argv) {
    struct student {
        int id;
        char name[8];
        float score[3];
        float averagescore;                              //保存计算出的平均成绩
    };
```

```
    struct student * p[100];                  /* 仅定义了 100 个 student 类型的结
                                                 构体指针,并没有分配任何内存 */

    float sumscore = 0.0f;                    //保存三门课总成绩
    float maxscore;
    int maxnum;                               //记录最高分学生位置
    int stunum = 0;
    int count = 0;                            //学生信息计数
    short scount;                             //成绩计数
    char test = '\0';                         //输入结束标志
    for(;;){
        printf("\n 输入 %s 学生信息吗(Y/N)",count?"另一个":"第一个");
        scanf(" %c",&test);
        if(tolower(test) == 'n'){
            if(count == 0)
                return 0;
            else
                break;
        }
    if(tolower(test) == 'y'){
            p[count] = (struct student *)malloc(LENGTH);      //分配内存空间
            printf("\n 学号:");
            scanf(" %d",&p[count]->id);
            printf("\n 姓名:");
            scanf(" %s",p[count]->name);
            for(scount = 0;scount < 3;scount++){
                printf("\n 第 %d 门课成绩:",scount + 1);
                scanf(" %f",&p[count]->score[scount]);
                sumscore += p[count]->score[scount];      //每门课成绩相加
            }
            p[count]->averagescore = sumscore / 3;
            sumscore = 0.0f;
            count++;
            fflush(stdin);                    //清空输入缓冲区,防止残留信息干扰
        }
      }
      stunum = --count;
      maxscore = p[0]->averagescore;
      for(count = 1;count < stunum;count++){
          if(p[count]->averagescore > maxscore){
              maxscore = p[count]->averagescore;
              maxnum = count;
          }
```

```
    }
    printf("\n\n ------ 最高分学生信息:------");
    printf("\n 学号:%d",p[maxnum]->id);
    printf("\n 姓名:%s",p[maxnum]->name);
    printf("\n 三门课成绩:%5g%5g%5g",p[maxnum]->score[0],
                          p[maxnum]->score[1],p[maxnum]->score[2]);
    printf("\n 平均分:%5g",p[maxnum]->averagescore);
    return 0;
}
```

举一反三:

(1) 使用结构体指针输入某班学生的姓名、学号、语文、英语、数学成绩,并输出语文、数学、英语成绩最高分的同学姓名和最高分值。

(2) 统计某市一年内12个月的月平均气温,输出温度最高月的月份和气温、温度最低月的月份和气温。

(3) 统计候选人得票情况,按照降序顺序输出。

任务三　复杂结构体在函数中的使用

任务描述:

掌握结构体嵌套的定义、结构体在函数中的应用。

【实例3】 链表的定义、链表输入、链表成员的处理、成员的输出(这是一个可以提高较高技能的实例)。

实例说明:

某大学要选举一名学生会主席,且不设候选人。参加选举的同学可以选举学校内的任何一个学生来做学生会主席。编程,统计选票,并按照票数从高到低输出每个被选举者的姓名和得票数,如图9-5所示。

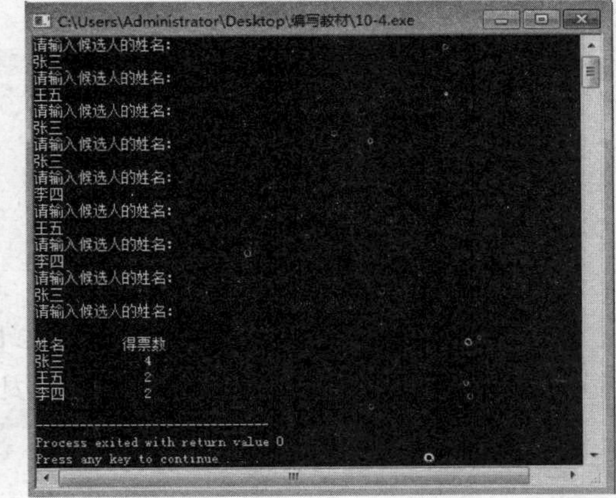

图9-5　【实例3】程序结果

首先需要对候选人信息进行数据建模,建立逻辑数据结构——链表。其次对选票进行统计,包括选票录入,统计每人选票数、对每人选票数进行降序排序。最后输出被选举者的姓名和得票数。

知识要点:

1. 结构体高级应用

前面可以看到,所有基本的数据类型(数组,指针)都可以成为结构体的成员。除此之外,还可以把一个结构体作为另一个结构体的成员,不仅指针可以做结构体的成员,指向结构体的指针也可以做结构体的成员。

(1) 将一个结构体作为另一个结构体的成员

本章开头的出生信息，包括 year、month、day、name、address 等成员。由于处理 year、month、day 等日期比较麻烦，可以考虑将它们组织成一个结构体作为 birthdayinfo 的成员。

先定义一个保存日期的结构体类型 Date。

```
struct {
    int year;
    int month;
    int day;
};
```

再定义结构体 birthdayinfo，包含 Date 类型。

```
struct  birthdayinfo{
    char name[8];
    struct Date date;
char address[20];
};
```

最后定义结构体变量，初始化结构体实例。

```
struct birthdayinfo staff;
strncpy(staff.name,"张平",8);
staff.date.year = 2013;
staff.date.month = 4;
staff.date.day = 18;
strncpy(staff.address,"陕西省西安市雁塔区",20);
```

(2) 结构体嵌套定义

结构体除了可以作为另一结构体的成员外，还可以在定义时进行嵌套说明。比如可以在 birthdayinfo 结构的定义中声明 Date 结构。

```
struct birthdayinfo {
char name[8];
struct Date  {
unsigned short year;
unsigned char month;
unsigned char day;
        } date;
char address[20];
    };
```

注意：这个声明将结构体 Date 声明放在 birthdayinfo 结构的定义中，因此不能在 birthdayinfo 结构外部声明 Date 结构体变量，因为 Date 的作用域仅限于 birthdayinfo 结构中。如：

```
struct Date date;
```

将导致编译错误，出错原因是 Date 类型未被定义。如果要在 birthdayinfo 外使用 Date 结构，必须将 Date 结构的定义移到 birthdayinfo 结构体之外。

(3) 指向结构体的指针作为结构体成员

指向结构体变量的指针和指向结构体数组的指针都可以成为结构体的成员,结构体成员指针可以指向相同类型的结构体,也可以是不同类型的结构体。

```
struct birthdayinfo {
    char name[8];
    struct Date * date;
    char address[20]
    struct birthdayinfo * next;
};
```

其中 next 和 previous 是成员名,都是指针类型,指向 struct birthdayinfo 类型数据。而成员 date 是指向 Date 结构体的指针。成员 next 存放下一个结点的地址,通过 next 成员指针实现向后遍历。这种特殊的结构体称为链表。链表中的每一个元素称为"结点",每个结点至少包含:实际使用的数据和下一个结点(上一个结点)的地址。

链表是一种重要的数据结构,它可以进行动态内存分配,链表中各元素在内存中是不连续存放的,通过 next 结点找到下一个结点地址,通过 previous 结点找到上一个结点地址。结点是链表的基本存储单位,一个结点与一个数据元素对应,每个结点使用一段连续的存储空间。

(4) 结构体与函数

结构体为 C 语言提供了强大的功能,在实际应用中,它和函数并用比较常见。

① 结构体作为函数的参数

将结构体作为函数的参数传递给函数和传递简单变量一样。例如:

```
struct  familymember {
    char name[8];
    short age;
    char father[8];
    char mother[8];
};
```

编写一个函数,检查两个 familymember 类型的变量是否是兄弟:

```
int  iscousin(struct familymember member1,struct familymember member2) {
    if(strcmp(member1.father,member2.father) == 0  ||
      strcmp(member1.mother,member2.mother) == 0)
          return true;
else
    return false;
```

② 结构体指针作为函数的参数

调用函数时,如果采用传值方式,传递给函数的是实参结构的副本。如果实参是一个非常大的结构,就需要相当多的时间,并占用结构副本所需的内存。这时,应该使用结构体指针作为函数的形参,就可以避免浪费内存,节省复制的时间。因为,函数调用时只需要简单复制指针即可。函数可以通过指针访问原来的结构,同时也提高效率。

```
int  iscousin(struct familymember * member1,struct familymember * member2) {
    if(strcmp(member1->father,member2->father) == 0  ||
```

```
            strcmp(member1->mother,member2->mother) == 0)
                return true;
    else
        return false;
        }
```

如果不需要修改指针变量的值,只是访问并使用它们,可以将其声明为常量指针:

```
int  iscousin(struct familymember const * member1,struct familymember
            const * member2) {
    if(strcmp(member1->father,member2->father) == 0  ||
      strcmp(member1->mother,member2->mother) == 0)
            return true;
else
    return false;
    }
```

③ 结构体作为函数的返回值

一般情况下,函数只能返回一个变量。如果要尝试返回多个变量,那么就要通过在参数中使用引用,再把实参作为返回值。然而,这种方法会导致一大堆参数,程序的可读性变差。当结构体出现后,可以把所有需要返回的变量整合到一个结构中。

```
typedef struct line {
    short beginx, beginy;
    short endx,endy;
    char width;
} Line;                              //typedef 定义结构体类型 line 的别名,方便引用
void drawLine(Line li) { ……   }
Line setLine(short a1,short b1,short a2,short b2,char w) {   //返回结构体类型
    Line line;
    line.beginx = a1;
    line.beginy = b1;
    line.endx = a2;
    line.endy = b2;
    return line;
}
drawLine(setLine(10,10,100,100,2)) ;          //函数调用
```

实现过程:

```
#include <stdio.h>
#include <stdlib.h>
typedef struct Inode {
    char name[9];
    int num;
    struct Inode * next;
} Candidates;                              //定义候选人信息
/* 完成对新候选人信息的输入和计数,同时对已存在候选人选票计数 */
```

```
Candidates * inputBallot(void) {
    Candidates * head, * tail, * p;
    char name[9];
    tail = head = (Candidates *)malloc(sizeof(Candidates));     //链表头尾结点
    head -> next = NULL;
    printf("请输入候选人的姓名:\n");
    gets(name);
    while(strcmp(name,"") != 0) {
        p = head->next;
        while(p != NULL) {
            if(strcmp(p->name,name) == 0) {
                p->num++;
                break;
            }
        p = p->next;
        }
        if(p == NULL) {
            p = (Candidates *)malloc(sizeof(Candidates));      //分配接收数据结点
            strcpy(p->name,name);
            p->num = 1;
            p->next = NULL;
            tail->next = p;
            tail = p;
        }
        printf("请输入候选人的姓名:\n");
        gets(name);
    }
    return head;
}
/* sortBallot()完成候选人信息选票数的降序排列 */
void sortBallot(const Candidates  * head) {
    Candidates * p1, * p2;
    char name[9];
    int num;
    for(p1 = head->next;p1->next != NULL;p1 = p1->next){
        for(p2 = p1->next;p2 != NULL;p2 = p2->next) {
            if(p1->num < p2->num) {                          //降序排列
                strcpy(name,p1->name);                //不符合降序,交换姓名和选票数
                strcpy(p1->name,p2->name);
                strcpy(p2->name,name);
                num = p1->num;
                p1->num = p2->num;
                p2->num = num;
```

```
            }
        }
    }
}
/ * displayBallot()显示所有候选人的信息 * /
void displayBallot(Candidates * head) {
    Candidates * p;
    p = head->next;
    if(p == NULL) {
        printf("您还没有统计选票\n");
        return;
    }
    printf("姓名得票数 \n");
    while(p != NULL) {
        printf(" % - 10s % 6d\n",p->name,p->num);
        p = p->next;
    }
}
int main(int argc, char * argv[]) {
    Candidates * head;
    head = inputBallot();
    sortBallot(head);
    displayBallot(head);
    return 0;
}
```

举一反三：

（1）编写一个函数，完成对一组公民信息（姓名、性别、年龄、身份证号、住址）的输入，使用结构体数组作为函数参数。

（2）编写1题中同样的一个函数，但是函数参数使用结构体指针。

（3）使用链表完成1所要求的功能。

任务四　结构体、共用体和枚举的使用

任务描述：

掌握结构体、共用体、枚举的定义和应用。

【实例4】 结构体中嵌套共用体、枚举的声明、定义和使用（这是一个可以提高较高技能的实例）。

实例说明：

读入若干学生的信息，每个学生的信息包括：学号、姓名、性别。如果是男同学，则还要登记视力情况（正常是 Y，非正常是 N）；如果是女同学，则登记身高和体重（kg），如图 9-6 所示。

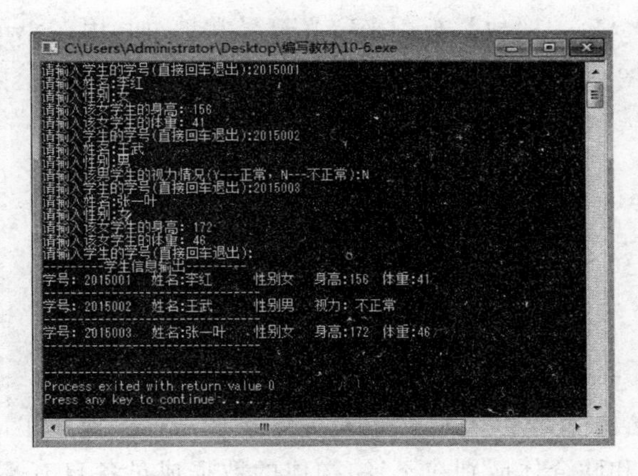

图 9-6　【实例 4】程序运行结果

知识要点：

1. 枚举

枚举提供了另外一种创建符号常量的方式，可以作为 const 的代替。它还允许定义新的类型。

（1）枚举类型

使用枚举的句法和使用结构相似。enum 枚举类型{符号常量 1，符号常量 2，…}；例如，下面的语句：

```
enum color {red,orange,yellow,green,blue};
```

这条语句完成两项工作：

- 将 color 作为新类型的名称。color 称为枚举类型。
- 将 red、orange、yellow、green、blue 作为符号常量，它们对应整数值 0～4，这些符号常量称为枚举量。

默认情况下，可以将整数值赋给枚举量，第一个枚举量的值为 0，第二个枚举量的值为 1，以此类推。可以通过显式地指定整数值来覆盖默认值。如：

```
enum color {red,organge,yellow = 3,green,blue};
```

这时，red 的值为 0，orange 为 1，yellow 为 3，green 为 4，blue 为 5。

（2）枚举变量

枚举变量的声明和结构体变量类似。

［enum］枚举类型 枚举变量。对于上面的枚举类型 color，声明变量如下：

```
color band;
```

枚举变量具有一些特殊的属性：

- 在不进行强制类型转换的情况下，只能将定义枚举时使用的枚举量赋值给这种枚举的变量，如：band ＝ red；而不能 band ＝ 10。
- 枚举变量只定义了赋值操作符，没有定义算术运算符等其他操作符。

如：band＋＋就是一个错误的操作。

可以将数字进行强制转换,赋值给枚举变量,只要数字在枚举定义的取值范围内。如:color band = color(3);

枚举的规则相当严格,一般枚举被用来定义符号常量,如:用在 switch 语句中。

```
enum {red,green,blue} color;
switch(color) {
        case red:...
        case green:…
        case blue: ...
        default: ...
    }
```

2. 联合

从表面看联合和结构体几乎一样,仅仅是关键字从 struct 换成了 union。但是,它们的实现原理不同,结构体和联合体区别在于:结构体的数据成员各自有不同的存储器空间,而联合体所有数据成员共享同一段存储器空间。结构体可以存储不同数据类型,但联合体同时只能存储其中的一种。比如:结构体可以同时存储 int、float 和 double 等,联合体只能存储 int、float 或 double。

(1) 联合类型和联合变量

联合体类型定义如下:

```
union 联合体类型{
    成员类型成员变量;
    ⋮
};
```

例如:

```
    union Holder {
        char holdchar;
        short holdshort;
        int   holdint;
        long  holidlong;
        float  holdfloat;
    };
```

联合体变量声明:[union]联合体类型 联合体变量;

由于联合体每次只能存储一个值,因此必须有足够的空间来存储最大的成员,所以联合体的长度为其最大成员的长度。联合体的成员共享同一块存储段。

联合体的主要作用是节省存储空间。

(2) 联合初始化

只能对联合变量的第一个成员进行初始化。初始化用{ }扩起来,并且只能有一个数据值,该数据值必须与第一个成员的数据类型相匹配。如下所示:

```
Holder hld = {'1'};
```

对联合成员的改变会同时改变其他成员。当给一个特定成员赋值时,其他成员就失去了其原有的值。它们的值被新赋的值所替换。

如果联合中第一个成员是一个结构，初始化时应包括用于初始化结构的表达式。

```
struct Date {
int year,month,day;
};
union Holder {
    struct Date date;
    short holdshort;
};
Holder hld = {{2015,12,31}};
```

实现代码：

```
#include <stdio.h>
#include <stdlib.h>
#define MAX 10
int main(int argc, char * argv[]) {
    struct {
        char name[10];                          //学生姓名
        char id[20];                            //学号
        char sex[3];                            //性别
        union {
            enum {GOOD,NOGOOD}eyesight;         //性别是男时,视力取值情况
            struct {                            //性别是女时,需要登记身高和体重
                int hength;
                int weight;
            }f;
        }body;
    }p[MAX];
    int count = 0;
    int i;
    char ch;
    char s[10] = "\0";
    printf("请输入学生的学号(直接回车退出):");
    gets(s);
    while(strcmp(s,"") != 0 && count != MAX) {
        strcpy(p[count].id,s);
        printf("请输入姓名:");
        scanf("%s",p[count].name);
        printf("请输入性别:");
        scanf("%s",p[count].sex);
        getchar();
        if(strcmp(p[count].sex,"男") == 0) {
            do {
                printf("请输入该男学生的视力情况(Y---正常,N---不正常):");
                ch = getchar();
```

```
            }while(ch != 'Y' && ch != 'N');
            if(ch == 'Y')
                p[count].body.eyesight = GOOD;
            else
                p[count].body.eyesight = NOGOOD;
        }
        if(strcmp(p[count].sex,"女") == 0) {
            printf("请输入该女学生的身高:");
            scanf("%d",&p[count].body.f.hength);
            printf("请输入该女学生的体重:");
            scanf("%d",&p[count].body.f.weight);
        }
        count++;
        printf("请输入学生的学号(直接回车退出):");
        fflush(stdin);
        gets(s);
    }
printf("---------学生信息输出---------\n");
for(i = 0;i < count; i++) {
    printf("学号:%-10s姓名:%-10s性别%-5s",p[i].id,p[i].name,p[i].sex);
    if(strcmp(p[i].sex,"男") == 0) {
        switch(p[i].body.eyesight) {
            case GOOD: printf("视力:正常");break;
            case NOGOOD: printf("视力:不正常");
            }
            printf("\n");
    }
    if(strcmp(p[i].sex,"女") == 0){
        printf("身高:%-5d体重:%-5d",p[i].body.f.hength,
                                                p[i].body.f.weight);
        printf("\n");
    }
    printf("--------------------------------\n");
}
    return 0;
}
```

单元总结:

外部数据形式多种多样,基本数据类型不能满足对外部物理数据的逻辑描述,因此,C语言引入了构造数据类型。结构体作为使用最多的结构化数据类型,是本单元介绍的重点内容。当不知道输入数据类型时,联合体就非常有用了,它可以在同一段内存中存放不同类型的数据。如果要限制数据的取值范围,共用体可以做到这一点,它将输入限制在一定范围内。

单元考核：

1. 单项选择题

(1) 当说明一个结构体变量时,系统分配给它的内存是(　　)。

A. 各成员所需内存量的总数

B. 结构中第一个成员所需内存量

C. 成员中占内存最大者所需的容量

D. 结构中最后一个成员所需容量

(2) 设有以下说明语句：

```
structstu {
    int a;
    float b;
} stutype;
```

则下面的叙述不正确的是(　　)。

A. struct 是结构体类型的关键字

B. struct stu 是用户定义的结构体类型

C. stutype 是用户定义的结构体类型名

D. a 和 b 都是结构体成员名

(3) 以下程序的运行结果是(　　)。

```
#include<stdio.h>
void main(void) {
    struct date {
        intyear,month,day;
    }today;
    printf(" %d\n",sizeof(struct date));
}
```

A. 6　　B. 8　　C. 10　　D. 12

(4) 根据下面的定义,能打印出字母 m 的语句是(　　)。

```
struct person {
    char name[9];    int age;
};
struct person class[10] = {"john",17,"paul",19,"mary",18,"adam",16};
```

A. printf("%c\n",class[3]. name)

B. printf("%c\n",class[3]. name[1])

C. printf("%c\n",class[2]. name[1])

D. printf("%c\n",class[2]. name[0])

(5)设有如下定义：

```
struct sk {
    int n;
    float x;
```

```
}data, * p;
```

如果要使 p 指向 data 中的 n 域,正确的赋值语句是(　　)。

A. p = &data. n　　B. * p = data. n

C. p = (struct sk *)&data. n　　D. p = (struct sk *)data. n

(6)若有以下说明和语句,则对 pup 中 sex 域的正确引用方式是(　　)。

```
struct pupil {
    char name[20];
    int sex;
}pup, * p;
p = &pup
```

A. P. pup. sex　　B. P->pup. sex

C. (* p). pup. sex　　D. (* p). sex

(7) 当说明一个联合变量时,系统分配给它的内存是(　　)。

A. 各成员所需内存量的总和

B. 结构中第一个成员所需内存量

C. 成员中占内存最大者所需的容量

D. 结构中最后一个成员所需内存量

(8)C 语言联合类型变量在程序运行期间(　　)。

A. 所有成员一直驻留在内存中

B. 只有一个成员驻留在内存中

C. 部分成员驻留在内存中

D. 没有成员驻留在内存中

(9) 以下程序的运行结果是(　　)。

```
#include<stdio.h>
void main(void) {
    union {
        long a;
        int b;
        char c;
    }m;
    printf("%d\n",sizeof(m));
```

A. 2　　B. 4　　C. 6　　D. 8

(10) 设有以下说明和定义语句,则下面表达式中值为 3 的是(　　)。

```
struct s {
    intil;
    struct s * i2;
};
static structs a[3] = {{1,&a[1]},{2,&a[2]},{3,&a[0]}}, * ptr;
ptr = &a[1];
```

A. ptr->i1++　　B. ptr++->i1

C. * ptr->i1　　D. ++ptr->i1

2. 填空题

(1)以下程序的运行结果是________。

```
struct n {
    int x;
    char c;
};
void main(void){
    struct n a = {10,'x'};
    func(a);
    printf("%d,%c",a.x,a.c);
}
void func(struct n b){
    b.x = 20;
    b.c = 'y';
}
```

(2) 以下程序的运行结果是________。

```
void main(void) {
    struct EXAMPLE {
        struct {
            int x;
            int y;
        }in;
        int a;
        int b;
    }e;
    e.a = 1;    e.b = 2;
    e.in.x = e.a * e.b;
    e.in.y = e.a + e.b;
    printf("%d,%d",e.in.x,e.in.y);
}
```

(3) 设有三人的姓名和年龄存在结构数组中,以下程序输出三人中年龄居中者的姓名和年龄,请在内填入正确的内容。

```
static struct man {
    char name[20];
    int age;
}person[ ] = {"li-ming",18,"wang-hua",19,"zhang-ping",20};
void main(void) {
    int i,j,max,min;
    max = min = person[0].age;
    for(i = 1; i <= 2; i++)
        if(person[i].age > max)
```

```
        else if(person[i].age < min)

    for(i = 0; i < 3; i++)
        if(person[i].age != max  person[i].age != min) {
            printf("%s,%d\n",person[i].name,person[i].age);
            break;
    }
}
```

(4) 以下程序的运行结果是________。

```
struct ks {
    int a;
    int *b;
}s[4], *p;
void main(void) {
    int n = 1,i;
    printf("\n");
    for(i = 0; i < 4; i++) {
        s[i].a = n;
        s[i].b = &s[i].a;
        n += 2;
    }
    p = &s[0];
    p++;
    printf("%d,%d\n",(++p)->a,(p++)->a);
}
```

(5) 以下程序的运行结果为________。

```
#include<stdio.h>
struct w {
    char low;
    char high;
};
union u{
    struct w byte;
    int word;
}uu;
void main(void) {
    uu.word = 0x1234;
    printf("Word value: %04x\n",uu.word);
    printf("High value: %02x\n",uu.byte.high);
    printf("Low value: %02x\n",uu.byte.low);
    uu.byte.low = 0xff;
    printf("Word value: %04x\n",uu.word);
}
```

3. 编程题

(1) 利用结构体类型编制一个程序,实现输入一个学生的数学和英语成绩,然后计算并输出其平均成绩。

(2) 利用指向结构体的指针编制一个程序,实现输入三个学生的学号、数学成绩和语文成绩,然后计算其平均成绩并输出成绩表。

(3) 有一个 unsigned long 型数据,现在要实现分别将其前 2 个字节和后 2 个字节作为两个 unsigned int 型整数输出(设一个 int 型数据占 2 个字节),试编制一函数 partition 实现上述要求。要求在 main 函数中输入该 long 型整数,在函数 partition 中输出结果。

单元10　文　　件

日常生活中，数据经常要保存在外部存储介质上，以防止丢失，当需要时可以随时访问。文件是操作系统提供的永久保存数据的容器，C语言提供了强大的文件操作函数，通过这些函数的调用，可以完成文件的创建、数据写入、数据读取等操作。本单元从二进制文件和文本文件角度，介绍了对应的操作函数，结合任务进行了讲解。

学习任务：

✧ 理解文件结构体指针声明含义。
✧ 理解文本文件和二进制文件区别。
✧ 掌握二进制文件的读写、追加和定位函数。
✧ 掌握文本文件的读写函数。

学习目标：

✧ 熟练使用文件操作函数进行指定文件的读写和定位操作。
✧ 能够根据不同的文件类型选择使用相应的操作函数。

任务一　文本文件的输入/输出

任务描述：

掌握文本文件的打开、关闭，文本文件的读操作和写操作函数的使用

【实例1】 文件的定义、文件打开和关闭、读写文件（这是一个可以提高基础技能的实例）。

实例说明：

编写一个打字练习程序，要求如下：

（1）准备一个单词本文件，将正确的单词预先写入该文件中。如：c:\test\word.txt。

（2）每个单词限定长度不超过20个字母。

（3）单词之间通过空格或者换行符隔开。

（4）每次读取一个单词，显示在屏幕上，15秒后单词消隐，要求用户输入刚才的单词，并根据输入给出用户背单词正确率，如图10-1所示。

知识要点：

1. 文件概念

图 10-1　【实例 1】程序运行结果

文件 file 是程序设计中一个重要的概念。文件一般是指存储在外部介质上的数据集合。更准确地说，文件就是一组相关元素或数据的有序集合，而且每个集合都有一个符号化的指代，称这个符号化的指代为“文件名”。操作系统以文件为单位对数据进行管理(读和写)。操作系统要找到存储在外部介质上的数据，必须按照文件名找到所指定的文件，然后从文件中读取数据。要向外部介质上存储数据也必须先建立一个文件，在向文件中写入数据。

外部介质最常见的是磁盘，如：光盘、U 盘、移动硬盘、硬盘等。因此最常使用的外部文件是磁盘文件。

从广义的角度来说，文件分为普通文件和设备文件。普通文件是指驻留在磁盘或其他外部介质上的一个有序数据集。常见的大多数文件都属于此类文件。而设备文件是指与主机相连的各种外部设备，如显示器、键盘、鼠标、声卡、网卡等。操作系统把外部设备也看作一个文件来处理，与普通数据文件不同，它们只是逻辑上的一个文件。

按照文件中数据的组织形式，将文件分为两种：文本文件和二进制文件。文本文件又称为 ASCII 文件，它的每一个字节存放一个 ASCII 编码，代表一个字符。二进制文件又称为字节文件，它是把内存中的数据按照其在内存单元的存储形式原样输出到磁盘上存放。

对应字符数据，在内存中是以 ASCII 编码形式存放的，如'A'是按照 65 来进行存放的。因此，无论是用 ASCII 文件输出和用二进制文件输出，其数据形式是一样的。但是对于数值数据，两者是不同的。如：123456，按照 ASCII 文件存放，需要 6 个字节，按照二进制只需要 4 个字节(int 型)。因此，使用二进制文件可以节约存储空间。

操作系统至少提供三个标准输入/输出文件，即：标准输入文件 stdin(标识为 0)、标准输出文件 stdout(标识为 1)和标准错误输出文件 stderr(标识为 2)。其中标准输入为键盘，标准输出为显示器或终端。许多操作系统允许用户在程序执行时，修改标准的输入/输出设备。如：

```
Program  ＜input＞output;
```

当程序 program 执行时，将从 input 文件中读取数据，加工完成的结果写入到 output 文件中。

2. 文件访问

文件使用时要按照如下顺序进行。

(1) 声明一个指针变量，类型为 FILE * 。这个指针变量指向 FILE 结构。

(2) 调用 fopen()函数打开指定的文件，并定义访问方式。

(3) 根据需要对文件进行读写操作。

(4) 调用 fclose()函数关闭文件。

3. 文本文件输入/输出

(1) 打开文件

fopen()函数用于打开一个特定的文件,并把一个流和这个文件相关联。它的原型如下:

```
FILE * fopen(char const * name,char const * mode);
```

这两个参数都是字符串。name 是要打开的文件或设备的名称。创建文件名的规则在不同的操作系统上是不同的。如 Windows 下"c:\\abc\test. txt",linux 和 unix 下"/opt/abc/test"。mode 是模式开关。常见的模式如表 10-1 所示。

表 10-1 常用模式

	读取	写入	添加
文本文件	"r"	"w"	"a"
二进制文件	"rb"	"wb"	"ab"

如果一个文件打开是用于读取的,它原先必须存在。如果是用于写入的,其原来的内容会被删除,如果原来不存在,在创建一个新的文件用于写入。如果打开一个文件用于添加,它原来的内容不会被删除,数据从文件末尾写入。

当一个文件即允许读也可以写时,如果从文件中读取了一些数据,那么在写入前,一定要调用一个文件定位函数(fseek、rewind)。反之,在向一个文件写入一些数据后,在读之前,必须调用 fflush 函数或者文件定位函数。

fopen()函数执行成功,返回一个指向 FILE 结构的指针,该结构代表这个新创建的文件。如果函数执行失败,将返回一个 NULL 指针。通过检查文件指针是否等于 NULL,可以判断文件是否被成功打开。

(2) 关闭文件

文件的关闭,通过函数 fclose 实现。它的原型如下:

```
int fclose(FILE * fp);
```

对于输出文件,fclose 函数在文件关闭之前刷新缓冲区。如果执行成功,返回 0,否则,返回 EOF。

(3) 读写文件

1) 字符 I/O

当一个文件被打开后,就可以进行读写操作了。最简单的形式是字符 I/O,字符输入由如下函数完成:

```
int fgetc(FILE * stream);
int getchar( );
```

fgetc 可以指定输入流读取,getchar 只能从标准输入键盘上读取。每个函数从文件中读取下一个字符,并把它作为函数的返回值返回。如果文件中不存在更多的字符,函数就返回 EOF。

为了把单个字符写入文件中,可以使用 putchar 函数族。它们的原型如下:

```
int fputc(int character,FILE * fp);
```

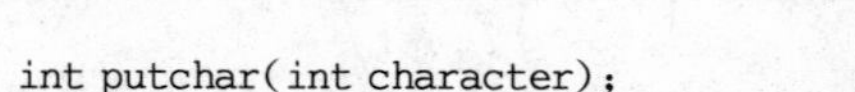

```
int putchar(int character);
```

如果写入成功，则返回字符的 ASCII 码值，否则，返回 EOF 错误。

2）字符串 I/O

操作字符串可以有两种方式：格式化 I/O 和未格式化 I/O。格式化 I/O 执行数字和其他变量的内部和外部表示形式的转换。而未格式化 I/O 不进行内部和外部表示形式的转换，只是简单读入或输出字符串。

① 未格式化字符串

gets 和 puts 函数家族用于操作字符串而不是单个字符，这样，使得它们在处理一行行文本输入的程序中非常有用。

读取函数的原型如下：

```
char * fgets(char * buffer, int buffer_size, FILE * fp);
char * gets(char * buffer);
```

fgets 从指定的文件中读取字符串并把它们复制到 buffer 中。当它读取一个换行符并存储到缓冲区之后就不再读取。如果缓冲区内存储的字符个数达到 buffer_size 时，也停止读取。但是，并不会导致数据丢失，因为下一次 fgets 将从下一个字符开始读取。同时读取的字符串会自动加一个 NULL 结束标志。所以缓冲区长度＝要读取的字符数＋1。fgets 函数返回第一个参数（指向缓冲区的指针），如果失败，返回 NULL。

gets 只能从标准输入设备键盘上进行字符串读取。

写入函数原型如下：

```
int fputs(char const * buffer, FILE * fp);
int puts(char const * buffer);
```

传递给 fputs 的缓冲区必须包含一个字符串，该字符串必须以 NULL 结尾。fputs 将指定的缓冲区内容写入到 fp 文件中。puts 只向标准输出设备屏幕进行字符串输出。

② 格式化 I/O

格式化 I/O 可以在一行或者多行上执行字符串输入和输出操作。

格式化输入共有两个函数，原型如下：

```
int fscanf(FILE * stream,char const * format... );
int scanf(char const * format);
int sscanf(char const * string,char const * format...);
```

这两个函数从输入文件中读取字符，并按照 format 字符串给出的格式代码对它们进行转换。fscanf 输入源为 stream 参数给出的输入流，scanf 从标准输入设备上读取，sscanf 从第 1 个参数给出的字符串中读取字符。

当格式化字符串到达末尾或者读取的输入不匹配格式化字符串所指定的类型时，停止输入。

函数的返回值为被转换的输入值的个数。

如：fscanf(fp, "%d%s%f", &age, name, &bonus);从 fp 所指向的文件中读入年龄、姓名和奖金等数据。

格式化输出也有 3 个函数，声明如下：

```
int printf(char const * format,...);
int fprintf(FILE * stream,char const * format,...);
```

int sprintf(char * buffer,char const * format,…);

printf根据格式化代码对输出参数进行格式化,结果输出到标准输出屏幕上;fprintf将格式化结果输出到指定的文件中;sprintf将格式化结果输出到缓冲区中,并自动添加一个字符串结束标志'\0'。

这几个函数都返回实际打印或存储的字符数。

如:fprintf(fp, "%d is a prime\n",3);将"3 is a prime"写入到文件fp中。

实现过程:

```
#include <stdio.h>
#include<stdlib.h>
#include<string.h>
#include<time.h>
#define N 20                                        //最长单词所含字母个数
void initArray(char * c,int m);                     //将数组初始化为空
int main(int argc, char * * argv) {
    int stop = 15;                                  //定义背单词时间 s
    long time;                                      //记时
    unsigned int isRightNumber = 0;
    unsigned int wordNumber = 0;
    char showWord[N];                               //存放从文件中读出的单词
    char userInput[N];                              //存放用户输入的单词
    FILE * fp;
    fp = fopen("c:\\test\\word.txt","r");
    if(fp == NULL) {
        printf("文件不存在,请检查文件位置!");
        exit(0);
    }
    initArray(showWord,N);
    initArray(userInput,N);
    while(! feof(fp)) {
        fscanf(fp,"%s",showWord);                   //格式化读入单词
        for(int i = 0;i < strlen(showWord);i++) {
            putchar(showWord[i]);                   //输出单词
        }
        wordNumber++;
        printf("---->开始背单词,%d秒后开始默写<-----:",stop);
        time = clock();                             //时间计数 ms
        while(clock() - time <stop * 1000) {
            ;
        }
        printf("\r");                               //将光标移动到行首
        for(int i = 1;i <= 60;i++) {
            printf("*");                            //隐藏输出的单词
```

```
        }
        printf("\n 请输入所显示的单词:");
        gets(userInput);
        if(strcmp(userInput,showWord) == 0) {
            isRightNumber ++ ;
        }
    printf("当前正确率:%0.2f%%\n",100 * (float)isRightNumber /
                                            wordNumber);
        initArray(showWord,N);
        initArray(userInput,N);
    }
    fclose(fp);
    printf("总正确率:%0.2f%%\n",100 * (float)isRightNumber / wordNumber);
    return 0;
}
void initArray(char * c,int m) {
    for(int i = 0;i < m;i ++ ) {
        * (c + i) = '\0';
    }
}
```

举一反三:

(1) 请编写程序:从键盘输入一个字符串,将其中的大写字母全部转换成小写字母,输出到磁盘文件"lower.txt"中保存。输入的字符串以"#"结束。然后将文件"lower.txt"中的内容读出显示在屏幕上。

(2) 请编写程序:主函数从命令行读入一个文件名,然后调用函数从文件中读入一个数字放到整型数组 num 中。函数返回字符串的长度。在主函数中输出整数及其长度。

任务二　二进制文件的输入/输出

任务描述:

掌握二进制文件的打开、关闭,文本文件的读操作和写操作函数的使用。

【实例 2】 文件的定义、文件打开和关闭和读写文件(这是一个可以提高基础技能的实例)。

实例说明:

输入 8 个学生的信息送到指定的文件中,并在屏幕上输出第 1、3、5、7 个学生的信息。程序先以读写方式打开二进制文件,向文件中循环写入 8 个学生的信息。然后把文件指针移到文件开始位置,读出当前记录(位置指针自动移到下一条记录上),把位置指针再移动一条记录。最后重复,直到循环结束。

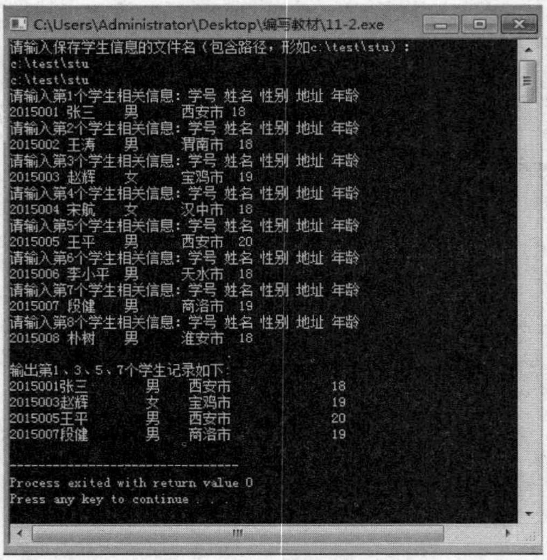

```
C:\Users\Administrator\Desktop\编写教材\11-2.exe
请输入保存学生信息的文件名（包含路径，形如c:\test\stu）:
c:\test\stu
c:\test\stu
请输入第1个学生相关信息: 学号 姓名 性别 地址 年龄
2015001 张三     男       西安市 18
请输入第2个学生相关信息: 学号 姓名 性别 地址 年龄
2015002 王涛     男       渭南市  18
请输入第3个学生相关信息: 学号 姓名 性别 地址 年龄
2015003 赵辉     女       宝鸡市  19
请输入第4个学生相关信息: 学号 姓名 性别 地址 年龄
2015004 宋航     女       汉中市  18
请输入第5个学生相关信息: 学号 姓名 性别 地址 年龄
2015005 王平     男       西安市  20
请输入第6个学生相关信息: 学号 姓名 性别 地址 年龄
2015006 李小平   男       天水市  18
请输入第7个学生相关信息: 学号 姓名 性别 地址 年龄
2015007 段健     男       商洛市  19
请输入第8个学生相关信息: 学号 姓名 性别 地址 年龄
2015008 朴树     男       淮安市  18

输出第1、3、5、7个学生记录如下:
2015001张三         男    西安市            18
2015003赵辉         女    宝鸡市            19
2015005王平         男    西安市            20
2015007段健         男    商洛市            19

--------------------------------
Process exited with return value 0
Press any key to continue . . .
```

图 10-2 【实例 2】程序运行结果

把数据写入到文件中效率最高的方法是用二进制形式写入。二进制输出避免了在数值转换为字符串过程中所涉及的开销和精度损失。但是二进制数据却不能直接被人所阅读，因为这些位并不对应任何合理的字符，只有当数据被另一个程序按顺序读取时才能使用。

fread 函数用于读取二进制数据，fwrite 函数用于写入二进制数据。它们的原型如下：

```
size_t fread(void * buffer, size_t size , size_t count , FILE * stream);
size_t fwrite(void * buffer , size_t size , size_t count, FILE * stream);
```

其中缓冲区 buffer 是指向数据在内存中位置的指针，size 是缓冲区中每个元素的大小，count 是读入或写入元素的个数，stream 是输入或输出文件指针。函数的返回值是读入或写入元素的个数(不是字节数)。如果输入过程中遇到的文件末尾或输出过程中发生了错误，则这个数字比请求的元素数目要小。

观察一个使用这些函数的代码段：

```
struct Data {
    int x;
    double y;
    char z[length];
} datas[size];
…
fread(datas , sizeof(struct Data) , size , input_file);
{进行数据加工;}
fwrite(datas , sizeof(struct Data) , size, output_file);
```

这个程序从输入文件中读取指定大小的二进制数据，进行加工后，把结果写入到输出文件中。

1. 文件定位函数

正常情况下，数据按照顺序依次写入，后面的数据写到前面数据的后面。除此之外，C语言还支持随机访问 I/O，也就是以任意顺序访问文件的不同位置。随机访问是通过在读

取或写入前先定位到文件中所需位置来实现的。有两个函数可以实现定位，原型如下：

```
long ftell(FILE * stream);
int fseek(FILE * stream , long offset , int from);
int rewind(FILE * stream);
```

ftell 函数返回文件的当前位置，也就是距离文件起始位置的偏移量。这个函数允许保留文件的当前位置。在二进制文件中，这个值就是当前位置距离文件起始位置的字符数。

fseek 函数允许在一个文件中进行定位，这个操作将改变读取或写入操作的位置。第 1 个参数是需要改变位置的文件，第 2 和第 3 个参数标识需要定位的位置。表 10-2 描述了三种位置。

表 10-2 fseek 函数参数

from	位置
SEEK_SET	文件的起始位置＋offset 个字节，offset＞＝0
SEEK_CUR	文件的当前位置＋offset 个字节
SEEK_END	文件末尾位置＋offset 个字节

例如，如下程序读取特定的记录，然后将该记录存放在缓冲区中。

```
fseek(fp ,  rec_number * sizeof(student) , SEEK_SET);
fread(buffer , sizeof(student) , 1, fp);
```

rewind 函数将文件位置指针重新返回到文件开头。

2. 文件错误函数

文件在使用的过程中，会发生各种错误，通过如下错误函数就可以判断是否发生了错误。

```
int feof(FILE * stream);
int ferror(FILE * stream);
voidclearer(FILE * stream);
```

如果文件指针到达末尾，feof 返回真(非 0)；如果文件读写出现错误，ferror 返回真；clearerr 对指定的文件进行错误标志重置。

3. 文件管理函数

在程序中除了对文件的内容进行操作外，还需要对文件本身进行一些管理操作，例如，删除文件、重命名文件等。

删除文件的函数原型如下：

```
int remove(char * filename);
```

其中，filename 指定要删除的文件名称。返回 0，则表示删除成功；否则，删除失败。

重命名文件的函数原型如下：

```
int rename(const char * oldname , const char * newname);
```

oldname 是旧文件名，newname 是新文件名。

实现代码：

```
#include <stdio.h>
#include <stdlib.h>
```

```
#include <string.h>
#define NUM 8                                          //定义学生信息记录个数
int main(int argc, char ** argv) {
    struct Student {                                   //学生信息
        unsigned int id;
        char name[9];
        char sex[3];
        char address[20];
        unsigned short age;
    } stu[NUM],t;
    FILE * fp;
    int i;
    int j = 0;
    char input_file[50],filename[50];
    puts("请输入保存学生信息的文件名(包含路径,形如c:\test\stu):");
    gets(input_file);
    for(i = 0;i < strlen(input_file);i++) {
        if(input_file[i] != '\') {
            filename[j] = input_file[i];
            j++;
        }
        else {
            filename[j] = '\';                         //将用户输入的\转化成\\
            filename[++j] = '\';
            j++;
        }
    }
        filename[j] = '\0';                            //添加字符串结束标志null
        puts(filename);
        fp = fopen(filename,"wb+");                    //打开文件进行二进制读写
        if(fp == NULL) {
        printf("文件打开错误!");
        exit(0);
        }
        for(i = 0;i < NUM;i++) {
            printf("请输入第%d个学生相关信息:学号姓名性别地址年龄
                                                \n",i + 1);
            scanf("%d%s%s%s%d",&stu[i].id,stu[i].name,stu[i].sex,stu[i].addr
                                                        ess,&stu[i].age);
    }
    fwrite(stu,sizeof(struct Student),NUM,fp);
    rewind(fp);                                        //文件位置指针回到起始位置
    printf("\n输出第1、3、5、7个学生记录如下:\n");
```

```
    for(i = 1;i <= 7;i += 2) {
        fread(&t,sizeof(struct Student),1,fp);    //读完一个记录后,位置指针自动
        移到下一个记录开始位置
        printf("%-6d%-12s%-6s%-20s%-6d\n",t.id,t.name,t.sex,t.address,t.age);
        fseek(fp,sizeof(struct Student),1);       //文件位置指针后移一个记录长度
    }
    fclose(fp);
    return 0;
}
```

举一反三：

(1) 设文件 stringdat 中存放了一组字符。请编程统计并输出文件中的各个字符的个数。

(2) 设文件 student. dat 中存放了学生的基本情况，这些情况由以下结构体来描述：

```
struct student {
    long int num;                              //学号
    char name[10];                             //姓名
    int age;                                   //年龄
    char sex;                                  //性别
    char speciality[20];                       //专业
    char addr[40];                             //住址
};
```

请编程，输出专业是“计算机科学与技术”的学生的学号、姓名、年龄和性别。

单元总结：

文件作为数据的永久存储介质，在日常生活中使用较多。本单元分别从文本文件和二进制文件角度，详细介绍了 C 语言提供的库函数，通过实例展示了库函数的使用过程。创建文件时，要先确定文件的类型，然后针对不同的文件类型，选择合适的库函数，最后编写程序。

单元考核：

1. 选择题

(1) 以下可作为函数 fopen 中第一个参数的正确格式是(　　)。

A. c:user\text. txt　　　　B. c:\user\tex. txt

C. “c:\user\test. txt”　　　　D. “c:\\user\\test. txt”

(2) 若要用 fopen 函数打开一个新的二进制文件，该文件要既能读也能写，则文件方式字符串应该是(　　)。

A. “ab+”　　　　B. “wb+”

C. “rb+”　　　　D. “ab”

(3) 已知函数的调用方式：fread(buffer,size,count,fp)；其中 buffer 代表的是(　　)。

A. 一个整型变量，代表要读入的数据项总数

B. 一个文件指针，指向要读入的文件

C. 一个指针，指向要读入数据的存放地址

D. 一个存储区，存放要读入的数据项

(4) fgetc 函数的作用是从指定文件读入一个字符，该文件的打开方式必须是(　　)。

A. 只写　　B. 追加

C. 读或读写　　D. 答案 B 和 C 都正确

(5) 若调用 fputc 函数输出字符成功，则其返回值是(　　)。

A. EOF　　B. 1　　C. 0　　D. 输出的字符

(6) 函数调用语句：fseek(fp,－20L,2)含义是(　　)。

A. 将文件位置指针移到距离文件头 20 个字节处

B. 将文件位置指针从当前位置向后移动 20 个字节

C. 将文件位置指针从文件末尾向后退 20 个字节

D. 将文件位置指针移到离当前位置 20 个字节处

(7) 设有以下结构体类型：

```
structst {
    char name[20];
    intnum;
    float s[4];
}student[50];
```

并且结构体数组 student 中的元素都已经有值，若将这些元素写到硬盘文件 fp 中，以下不正确的形式是(　　)。

A. fwrite(student,sizeof(struct st),50,fp)；

B. fwrite(student,50 * sizeof(struct st),1,fp)；

C. fwrite(student,25 * sizeof(struct st),25,fp)；

D. for(i ＝ 0; i ＜ 50;i＋＋)　fwrite(student ＋ i,sizeof(struct st),1,fp)；

(8) 在执行 fopen 函数时，ferror 函数的初始值是(　　)。

A. TURE　　B. －1　　C. 1　　D. 0

(9) 函数 ftell(fp)的作用是(　　)。

A. 得到流式文件中的当前位置　　B. 移动流式文件的位置指针

C. 初始化流式文件的位置指针　　D. 以上答案均正确

(10) fscanf 函数的正确调用形式是(　　)。

A. fscanf(fp,格式字符串,输出列表)；

B. fscanf(格式字符串,输出列表,fp)；

C. fscanf(格式字符串,文件指针,输出列表)；

D. fscanf(文件指针,格式字符串,输入列表)；

2. 填空题

(1) 在 C 程序中,文件可以用________方式存取,也可以用________方式存取。

(2) 在 C 语言中,文件的存取是以________为单位的,这种文件被称为文件。

(3)函数调用语句:fgets(buf,n,fp);从 fp 指向的文件中读入个字符放到 buf 字符数组中。函数值为________。

(4) 设有以下结构体类型:

```
structst {
    char name[20];
    intnum;
    float s[4];
}student[50];
```

并且结构体 student 中的元素都已有值,若要将这些元素写到硬盘文件 fp 中,请将以下 fwrite 语句补充完整。

```
fwrite(student,1,fp);
```

(5) 下面程序从一个二进制文件中读入结构体数据,并把结构体数据显示在终端屏幕上。请在空格处填入适当内容。

```
struct rec {
    intnum;
    float total;
}
void main(void) {
    FILE *f;
    f = fopen("bin.dat","rb");
    reout(f);
    fclose(f);
}
void reout() {
        struct rec r;
        while(! feof(f)) {
            fread(&r,,1,f);
            printf(" %d, %f\n",);
    }
}
```

3. 编程题

(1) 编写从键盘上输入一个字符串,将其中的小写字符全部转化成大写字符,输出到磁盘文件“upper.txt”中保存。输入字符串以“!”结束。然后再将文件 upper.txt 中的内容读出显示在屏幕上。

(2) 设文件 number.txt 中存放了一组整数。请编程统计并输出文件中的正整数、零和负整数的个数。

(3) 设文件 student.txt 中存放着大一学生的基本情况，这些情况由以下结构体来描述：

```
struct student {
    long int num;           //学号
    char name[10];          //姓名
    int age;                //年龄
    char sex;               //性别
    char speciality[20];    //专业
    char addr[40];          //地址
};
```

请编写程序，输出学号在 20150101～20150150 之间学生的信息。

项目三　学生成绩管理系统软件项目实训

本项目是一个小型的实训项目，旨在培养学生建立一定的编程逻辑思维能力，并掌握软件开发的基本方法及步骤。

项目涉及的知识点：

顺序结构、循环结构、选择结构，简单数据类型和构造数据类型，函数、文件等知识。

项目实训的目的和任务：

掌握软件开发的基本方法；巩固和加深学生对C语言课程基本知识的理解和掌握，培养学生利用C语言进行软件设计的能力。

1. 项目需求分析

(1) 项目概述

编写一个简单学生成绩管理系统，完成对学生三门课成绩的录入、计算和查询等功能。

(2) 项目功能描述

- 录入学生的学号、姓名和三门课总成绩，计算成绩总分。
- 录入信息写入指定文件。
- 可以对成绩按照学号顺序、总分高低顺序进行排名。
- 可以查询指定学号的学生信息。

2. 概要设计

(1) 对学生信息进行描述，定义数据结构。

(2) 设计系统界面。

(3) 按照功能划分系统模块，分为菜单显示模块、信息输入模块、信息输出模块、信息查询模块等。

(4) 每个模块分别进行编程，设计处理流程。模块可以进一步划分函数。

3. 详细设计

为了方便管理，将程序用到全局函数和数据结构放到头文件中。使用时，只需要将头文件用 #include 编译指令导入即可(图 X3-1，图 X3-2)。

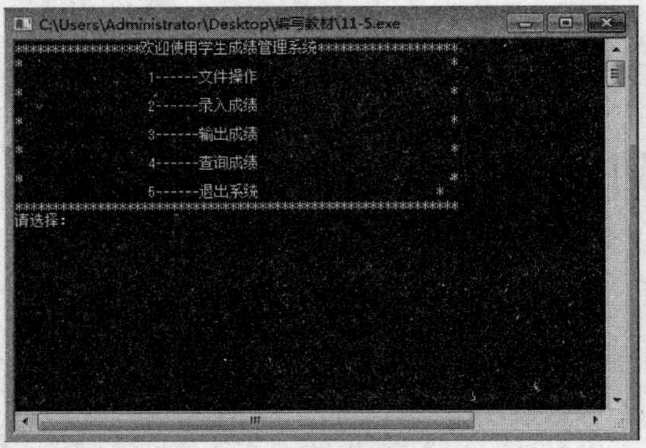

```
C:\Users\Administrator\Desktop\编写教材\11-5.exe
*****************欢迎使用学生成绩管理系统*********************
*                                                            *
                1------文件操作
*                                                            *
                2------录入成绩
*                                                            *
                3------输出成绩
*                                                            *
                4------查询成绩
*                                                            *
                5------退出系统                              *
**************************************************************
请选择:
```

图 X3-1 主界面

```
C:\Users\Administrator\Desktop\编写教材\11-5.exe
请输入第1个学生的学号（直接按回车键结束录入）: 2015001
请输入第1个学生姓名:李四
请输入第1个学生的数学成绩: 88
请输入第1个学生的语文成绩: 77
请输入第1个学生的英语成绩: 66

请输入第2个学生的学号（直接按回车键结束输入）:2015002
请输入第2个学生姓名:王五
请输入第2个学生的数学成绩: 86
请输入第2个学生的语文成绩: 89
请输入第2个学生的英语成绩: 90

请输入第3个学生的学号（直接按回车键结束输入）:

需要把学生的相关信息保存到磁盘文件中吗(Y/N)?y
输入要保存数据的文件名（包含路径）: c:\stu.txt

文件保存完毕，按任意键返回!
```

图 X3-2　录入成绩功能

实现代码：

具体程序如下：

- 定义头文件：

```
#include <stdio.h>
#include <stdlib.h>
#include <string.h>
#include <ctype.h>
ifndef __XSCJ_H_SEEN__
#define __XSCJ_H_SEEN__
#define N 3
char stc[N][10] = {"数学","语文","英语"};
int save_flag = 1;
int count = 0;
typedef struct student {
    int num;
    char name[30];
    float score[N];
    float sum;
    struct student * next;
}SNODE;
void outputScore(SNODE * head);
void sort_num(SNODE * head);
void sort_sum(SNODE * head);
void swtich(SNODE * p,SNODE * q);
void output(SNODE * head,int tag);
void inputScore(SNODE * head);
void free_link(SNODE * head);
int testInt(char test[]);
int stod(char p[]);
int testFloat(char test[]);
```

```
float stof(char p[]);
void save_file(SNODE * head);
void open_file(SNODE * head);
#endif
```

- 主程序如下：

```
int main(int argc, char * argv[]) {
        char choice;
        SNODE * head;
        head = (SNODE * )malloc(sizeof(SNODE));
        head->next = null;
        do {
            system("cls");
            show_main_menu();
            printf("请选择:");
            choice = getchar();
            if(choice == '1') {
                file_function(head);
            }
            else if(choice == '2')) {
                inputScore(head);
            }
            else if(choice == '3')) {
                outputScore(head);
            }
            else if(choice == '4')) {
                seachScore(head);
            }
            }while(choice != '0');
            if(save_flag == 0) {
                do {
                    printf("\n您所输入的内容没有保存,保存吗(Y/N)?");
                    choice = getchar();
                }while(toupper(choice) != 'Y' && toupper(choice) != 'N');
            }
            if(toupper(choice) == 'Y'){
                save_file(head);
                save_flag = 1;
                printf("录入信息被成功保存...");
                getchar();
            }
            printf("------- 再见! --------");
            return 0;
        }
```

```
        /****************** 显示主菜单 *******************/
        void show_main_menu(void) {
    system(cls);
    /*使用制表符和字符形式输出系统主菜单*/
    printf("┌────────────欢迎使用学生成绩管理系统────────────┐\n");
    printf("│                                              │\n");
    printf("│    1------文件操作                            │\n");
    printf("│                                              │\n");
    printf("│    2------录入成绩                            │\n");
    printf("│                                              │\n");
    printf("│    3------输出成绩                            │\n");
    printf("│                                              │\n");
    printf("│    4------查询成绩                            │\n");
    printf("│                                              │\n");
    printf("│    5------退出系统                            │\n");
    printf("└──────────────────────────────────────────────┘\n");
}

    /********************* 显示二级菜单 ****************************/
    void show_other_menu(char p1[],char p2[],char p3[]) {
        printf("\n\n==========请选择%s的方式==============\n\n",p1);
    printf("1-----$s  2-----%s 0-----退回上级菜单\n\n",p2,p3);
    }
    /******************** 文件操作 *******************************/
    void file_function(SNODE * head) {
        char choice;
        do {
            system("cls");
        show_other_menu("文件操作","打开学生成绩文件","把成绩文件保存到文件");
            printf("请选择:");
            choice = getchar();
            if(choice == '1') {
                open_file(head);
            }
            else if(choice == '2') {
                save_file(head);
            }
        }while(choice != '0');
    }
    /******************** 按照学号查询学生信息 *********************/
    void findnum(SNODE * head) {
        int j,xh;
        char s[20];
```

```
    SNODE * p;
    system("cls");
    printf("请输入要查询的学号:");
    scanf(" % d",&xh);
    for(p = head->next;p != NULL;p = p ->next) {
        if(p->num == xh) {
            break;
        }
    }
        if(p != NULL) {
            printf("学号 % d的学生已经找到,相关信息如下:\n",xh);
            printf("学号: % d;姓名: % s",p->num,p->name);
            for(j = 0;j < 3;j++) {
                prinf(" % s: % -10.1f",stc[j],p->score[j]);
            }
            printf("\n");
            getchar();
        }
        else {
            printf("没有找到学号为 % d的学生信息!",xh);
            getchar();
        }
}

/******************** 按照姓名查询学生信息 ********************/
void findname(SNODE * head) {
    SNODE * p;
    int j,tag = 0;
    char s[20],xm[30];
    system("cls");
    printf("请输入要查找的姓名:");
    gets(xm);
    for(p = head->next;p != NULL;p = p->next) {
        if(strcmp(xm,p->name) == 0) {
            tag = 1;
            printf("找到一个名为 % s 的学生,把相关信息如下:\n\n",xm);
            printf("学号: % d;姓名: % s",p->num,p->name);
        for(j = 0;j < N;j++) {
            printf(" % s: % -10.1f",stc[j],p->score[j]);
            }
        }
    }
    if(tag == 0) {
```

```
            printf("没有找到姓名为%s的学生信息!",xm);
            getchar();
        }
}
/*********************输出成绩**********************************/
void outputScore(SNODE * head) {
    char choice[100];
    do {
        system("cls");
    showMenu("输出成绩","1:按照学号顺序输出","2:按照名次顺序输出)");
        printf("请选择:");
        gets(choice);
        if(strcmp(choice,"1") == 0) {
            system("cls");
            printf("\n学号由低到高输出学生的信息:\n");
            sort_num(head);
            output(head,1);
            printf("输出完毕,按回车键返回上级菜单...");
            getchar();
        }
        if(strcmp(choice,"2") == 0) {
            system("cls");
            printf("\n名次由高到底输出学生的信息:\n");
            sort_sum(head);
            output(head,2);
            printf("输出完毕,按回车键返回上级菜单...");
            getchar();
        }
    }while(strcmp(choice,"0") != 0);
}
/*按照学号大小升序输出*/
void sort_num(SNODE * head) {
    SNODE * p1, * p2;
    for(p1->next = head;p1->next != NULL;p1 = p1->next) {
        for(p2 = p1->next;p2 != NULL;p2 = p2 ->next) {
            if(p1->num > p2->num) {
                switch(p1,p2);
            }
        }
    }
}
/*按照总分大小降序输出*/
void sort_sum(SNODE * head) {
```

```
    SNODE * p, * q;
    for(p->next = head;p->next != NULL;p = p->next) {
        for(q = p->next;q != NULL;q = q ->next) {
            if(p->sum < q->sum) {
                switch(p,q);
            }
        }
    }
}
/ * 交换两个数 * /
void switch(SNODE * p,SNODE * q) {
    int num;
    int i;
    char name[30];
    float score;
    float sum;
    strcpy(name,p->name);                              //交换姓名
    strcpy(p->name,q->name);
    strcpy(q->name,name);
    num = p->num;                                      //交换学号
    p->num = q->num;
    q->num = num;
    sum = p->sum;                                      //交换总分
    p->sum = q->sum;
    q->sum = sum;
    for(i = 0;i < 3;i++) {                             //交换三门课成绩
        score = p->score[i];
        p->score[i] = q->score[i];
        q->score[i] = score;
    }
}
/ * 按照名次或学号输出学生信息 * /
void output(SNODE * head,int tag) {
    int j;
    int m = 1;
    SNODE * p;
    if(head->next == NULL) {
        printf("请先录入数据或从文件中读取数据! \n");
        return;
    }
    if(tag == 2) {
        printf("% -6s","名次");
    }
```

```
        printf("%-10s%-20s%-10s%-10s%-10s%-10s\n","学号","姓名","语文","数学","英语","总分");
        p = head->next;
        while(p != NULL) {
            if(tag == 2) {
                printf("%-6d",m);
            }
            printf("%-10d%-20s",p->num,p->name);
            for(j = 0;j < 3;j++) {
                printf("-10.1f",p->score[j]);
            }
            printf("%-10.1f\n",p->sum);
            p = p->next;
            ++m;
        }
    }
    /*录入成绩*/
    void inputScore(SNODE *head) {
        int n,j;
        char ch;
        char s[20];
        SNODE *p, *tail;
        system("cls");
        if(count != 0) {
            do {
                printf("系统中已经有一些学生信息,继续录入吗(y/n)?");
                scanf("%c",&ch);
                ch = toupper(ch);
            }while(ch != 'Y' && ch != 'N');
            if(ch == 'N') {
                freelink(head);
                count = 0;
            }
        }
    printf("请输入第%d个学生的学号(直接按回车键结束录入):",count + 1);
        gets(s);
        while(strcmp(s,"") != 0) {
            save_flag = 0;
            for(;;) {
                if(testInt(s) == 0){
                    n = stod(s);
                    p = head->next;
                    tail = head;
```

```
                while(p != NULL) {
                    if(p->num == n) {
                        break;
                    }
                    tail = p;
                    p = p->next;
                }
                if(p == NULL) {
                    break;
                }
            }
            printf("请重新输入第%d个学生的学号:",count + 1);
            gets(s);
        }
        p = (SNODE *)malloc(sizeof(SNODE));
        p->next = NULL;
        p->num = n;
        do {
            printf("请输入第%d个学生姓名:",count + 1);
            gets(p->name);
        }while(strcmp(p->name,"") == 0);
        p->sum = 0;
        for(j = 0;j < N;j++) {
            do {
            printf("请输入第%d个学生的%s成绩:",count + 1,stc[j]);
                gets(s);
            }while(testFloat(s) == 1);
            p->score[j] = stof(s);
            p->sum += p->score[j];
        }
        tail->next = p;
        tail = p;
        count++;
        printf("\n请输入第%d个学生的学号(直接按回车键结束输入):",count + 1);
        gets(s);
    }
    if(save_flag == 0) {
        do {
            printf("需要把学生的相关信息保存到磁盘文件中吗(Y/N)?");
            gets(ch);
            ch = toupper(ch);
        }while(ch != 'Y' && ch != 'N');
        if(ch == 'Y') {
```

```
            save_file(head);
            printf("文件保存完毕,按任意键返回!\n");
            getchar();
        }
    }
}
/*释放链表结构*/
void free_link(SNODE * head) {
    SNODE *p, *t;
    p = head->next;
    head->next = NULL;
    while(p != NULL) {
        t = p->next;
        free(p);
        p = t;
    }
}
/*测试字符串中是否包含非数字字符*/
int testInt(char test[]) {
    int i;
    if(strlen(test) == 0)
        return 1;
    for(i = 0;i < strlen(test);i++) {
        if(! isdigit(test[i]))
            return 1;
    }
}
/*字符串转化为整数*/
int stod(char p[]) {
    int n = 0;
    int i;
    for(i = 0;i < strlen(p);i++) {
        n = n * 10 + p[i] - '0';
    }
    return n;
}
/*测试字符串是否是符合单精度小数要求*/
int testFloat(char test[]) {
    int i;
    int bz = 0;
    if(strlen(test) == 0)
        return 1;
    for(i = 0;i < strlen(test);i++) {
```

```
        if(test[i] == '.' &&bz == 0) {
            bz = 1;
        }
        else if(test[i] == '.' &&bz == 1) {
            return 1;
        }
        else if(! isdigit(test[i]))
            return 1;
    }
    return 0;
}
/*** 字符串转换成单精度小数 ***/
float stof(char p[]) {
    float n = 0.0f;                                    //存放整数部分结果
    float f = 0.0f;                                    //存放小数部分结果
    int i;
    int dotp = strlen(p);
    for(i = 0;i < strlen(p);i++) {
        if(p[i] == '.') {
            dotp = i;
            break;
        }
    }
    for(i = 0;i < dotp;i++) {
        n = n * 10 + p[i] - '0';                       //处理整数部分
    }
    for(i = dotp + 1;i < strlen(p);i++) {
        f = f + (p[i] - '0')/pow(10,i - dotp);         //处理小数部分
    }
    return f + n;
}
/* 将链表中每个结点的数据保存到文件中 */
void save_file(SNODE * head) {
    struct {
        int num;
        char name[20];
        float score[N];
        float sum;
    }st;
    char filename[30];
    int j;
    SNODE * p;
    FILE * fp;
    p = head->next;
```

```
    if(p == NULL){
        printf("请先录入数据或者从文件中读出数据！\n");
        getchar();
        return;
    }
    printf("输入要保存数据的文件名(包含路径):");
    gets(filename);
    fp = fopen(filename,"wb");
    if(fp == NULL) {
        printf("文件打开出错！\n");
        return;
    }
    while(p != NULL) {
        st.num = p->num;
        strcpy(st.name,p->name);
        st.sum = p->sum;
        for(j = 0;j < 3;j++) {
            st.score[j] = p->score[j];
        }
        fwrite(&st,sizeof(st),1,fp);
        p = p->next;
    }
    fclose(fp);
    save_flag = 1;
}
/*从文件中读取数据*/
void open_file(SNODE * head) {
    struct {
        int num;
        char name[30];
        float score[N];
        float sum;
    }st;
    char filename[30];
    char ch;
    int j;
    SNODE * p, * tail;
    FILE * fp;
    p = head->next;
    if(p != NULL && save_flag == 0) {
        do {
            printf("已录入的数据需要存盘吗(Y/N)?");
            ch = getchar();
            ch = toupper(ch);
```

```
    }while(ch != 'Y' && ch != 'N');
    if(ch == 'Y') {
        save_file(head);
        printf("文件保存完毕,按回车键继续…\n");
        getchar();
    }
  }
  printf("请输入要打开文件的名称:");
  gets(filename);
  fp = fopen(filename,"rb");
  if(fp == NULL) {
    printf("文件打开错误,按回车键返回! \n");
    getchar();
    return;
  }
  free_link(head);
  count = 0;
  tail = head;
  while( ! feof(fp)) {
    fread(&st,sizeof(st),1,fp);
    p = (SNODE *)malloc(sizeof(SNODE));
    p->next = NULL;
    p->num = st.num;
    strcpy(p->name,st.name);
    p->sum = st.sum;
    for(j = 0;j < 3;j++) {
        p->score[j] = st.score[j];
    }
    tail->next = p;
    tail = p;
    count++;
  }
  fclose(fp);
  if(head->next != NULL) {
    system("cls");
    printf("从文件中读取的学生信息为:\n");
    output(head,1);
    printf("显示结束,按回车键返回!");
  }
  else {
    printf("空文件!");
  }
  getchar();
}
```

附录A　ASCII码表

代码	字符	代码	字符	代码	字符	代码	字符
0	NUL(空)	32	SP(空格)	64	@	96	、
1	SOH(标题开始)	33	!	65	A	97	a
2	STX(正文开始)	34	“	66	B	98	b
3	EXT(正文结束)	35	＃	67	C	99	c
4	EOT(传输结束)	36	$	68	D	100	d
5	ENQ(查询)	37	%	69	E	101	e
6	ACK(承认)	38	&	70	F	102	f
7	BEL(报警)	39	‘	71	G	103	g
8	BS(退格)	40	(	72	H	104	h
9	HT(横向列表)	41	)	73	I	105	i
10	LF(换行)	42	*	74	J	106	j
11	VT(纵向列表)	43	＋	75	K	107	k
12	EF(走纸控制)	44	,	76	L	108	l
13	CR(回车)	45	－	77	M	109	m
14	SO(移位输出)	46	.	78	N	110	n
15	SI(移位输入)	47	/	79	O	111	o
16	DLE(数据链换码)	48	0	80	P	112	p
17	DC1(设备控制1)	49	1	81	Q	113	q
18	DC2(设备控制2)	50	2	82	R	114	r
19	DC3(设备控制3)	51	3	83	S	115	s
20	DC4(设备控制4)	52	4	84	T	116	t
21	NAK(否定)	53	5	85	U	117	u
22	SYN(同步)	54	6	86	V	118	v
23	ETB(块结束)	55	7	87	W	119	w
24	CAN(作废)	56	8	88	X	120	x
25	EM(纸尽)	57	9	89	Y	121	y
26	SUB(减)	58	:	90	Z	122	z
27	ESC(换码)	59	;	91	[	123	{
28	FS(文字分隔)	60	＜	92	\	124	|
29	GS(组分隔)	61	＝	93	]	125	}
30	RS(记录分隔)	62	＞	94	ˆ	126	～
31	US(单元分隔)	63	?	95	_	127	DEL(删除)

参考文献

[1] 高涛,陆丽娜. C语言程序设计[M]. 西安:西安交通大学出版社,2011.

[2] 樊为民,唐红雨. C语言程序设计项目化教程[M]. 南京:南京大学出版社,2015.

[3] 段新娥,李荣. C语言程序设计案例教程[M]. 西安:西安交通大学出版社,2014.

[4] 陈承欢. C语言程序设计任务驱动教程[M]. 北京:清华大学出版社,2015.

[5] 陈建国,易永红,马宁,等. C语言程序设计与项目实践[M]. 北京:清华大学出版社;2013.

[6] 魏宇红,董凤服,杨嘉群,等. C程序设计项目教程[M]. 北京:航空工业出版社,2015.

[7] 王彩霞,任岚. C语言程序设计项目化教程[M]. 北京:清华大学出版社,2014.

[8] 张晶,高洪涛. C语言编程兵书[M]. 北京:电子工业出版社,2013.

[9] 耿祥义,张跃平. C程序设计任务驱动式教程[M]. 北京:清华大学出版社,2011.